U0162786

东方香学

王其标 著

南京大学出版社

图书在版编目(CIP)数据

东方香学 / 王其标著. —南京：南京大学出版社，2023.3

ISBN 978-7-305-26334-7

Ⅰ. ①东… Ⅱ. ①王… Ⅲ. ①香料—文化研究—中国 Ⅳ. ①TQ65

中国版本图书馆 CIP 数据核字(2022)第 226730 号

出版发行 南京大学出版社
社　　址 南京市汉口路 22 号　　　邮　编 210093
出 版 人 金鑫荣

书　　名 东方香学
著　　者 王其标
责任编辑 官欣欣

照　　排 南京紫藤制版印务中心
印　　刷 苏州工业园区美柯乐制版印务有限责任公司
开　　本 787×1092　1/16　印张 16.25　字数 241 千
版　　次 2023 年 3 月第 1 版　2023 年 3 月第 1 次印刷
ISBN 978-7-305-26334-7
定　　价 98.00 元

网　　址 http://www.njupco.com
官方微博 http://weibo.com/njupco
官方微信 njupress
销售咨询 025-83594756

序 文

如是风流

流风轻飏，桂馥兰薰。香烟升于九州，迄今数千载矣。馨香之德，承厥初先民之礼敬，明屈子忠洁之玉行，烟锁汉唐宫阙，发明自性，流布伽蓝，氤氲檀林，观照宋明文士之幽情，远被扶桑，花开东夷，遂成隽雅沈宏之东方香学。

儒商其标，扬州人也。性敏斯文，勤勉恭谦。商务之余，恣情文事，结缘香学，十数年间，常赴沪请益。尝为指点，尔兴更甚。亦愈摒远俗情，沉浸书牍，钩沉古今，心得渐多，不几岁竟著出《扬州香事》，备述地方香文逸事，颇有幽趣。外界亦因该书，誉其江南香界文士。

今岁其标又传新著《东方香学》文稿，洋洋数万言，总理传统文人香事，旨宏意远，博考精微，文辞畅美，实为时人识香、明香之妙文。

香之为学，古研深雅，清穆精妙。著书立文，传习后世，必要之至。其标有功在兹，诚哉此言！

大 熙

壬寅年七月初一于法华丈室

（大熙法师，当代著名儒僧，香学宗师刘良佑教授入室弟子，上海市佛教协会副会长，法华学问寺开山，长仁禅寺住持，东方香学如是院院主。）

目　录

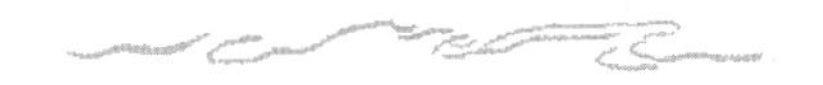

前　言

隐几香一炷，灵台湛空明。

这是北宋文学家黄庭坚所作《贾天锡惠宝熏乞诗予以兵卫森画戟燕寝凝清香十字作诗报之》组诗中的诗句。黄庭坚在《跋自书所为香后事》中有言：

> 贾天锡宣事作意和香，清丽闲远，自然有富贵气，觉诸人家和香殊寒乞。天锡屡惠赐此香，惟要作诗，因以“兵卫森画戟，燕寝凝清香”作十小诗赠之。犹恨诗语未工，未称此香耳。然余甚宝此香，未尝妄以与人……

好友贾天锡常以所制“和香”相赠，香名“意和”，并请黄庭坚为此香赋诗。黄庭坚品鉴后认为此香甚妙，“清丽闲远，自然有富贵气，觉诸人家和香殊寒乞”，故而称之为“宝熏”，“甚宝此香，未尝妄以与人”。黄庭坚即以“兵卫森画戟燕寝凝清香”为韵作十首五言香赞回赠。

“兵卫森画戟，燕寝凝清香”本是唐代韦应物所作诗《郡斋雨中与诸文士燕集》首联，宋代刘辰翁在《韦孟全集》中对此联有点评：“起处十字，清绮绝伦，为富丽诗句之冠。”韦应物的诗作中多写用香之事，比如“杳霭香炉烟”“博山吐香五云散”“衣满旧芸香”“焚香澄神虑”等。自诩有“香癖”的黄庭坚借此十字为韵赋诗，正表达意和香“清丽闲远”的风格，香与诗在此有了某种默契。

这是北宋时期的一种文化现象。此时人们热衷谱写香方，依据香方甄选各种香料来制作焚爇用的“和香”，并以“和香”作为往来交游的信物，彼此鉴赏品评，成为一种风尚。五代宋初时的文字学家徐铉修合“伴月香”即为此风尚之滥觞，清初状元王式丹在《征广陵诗会启》中有“制草金銮，徐学士香可伴月”句，足见此风对后世的深远影响。

贾天锡制作意和香，黄庭坚写组诗为赞，如书画作品之友人题跋，妙趣横生。一时间，“和香”与诗文相得益彰，“和香”所具有的鉴赏趣味得到广泛的认可和追捧。这是亘古未有的人文事件，“和香”工艺自此正式成为中国传统文化艺术的组成部分。

和香，又称“和合香”“百和香”等，涉及谱写香方、合和香料、用香与品评等诸多内容，并逐渐形成了一门专业的学问，我们称之为“香学”。香学呈现了中国特有的代表东方文化的生活方式。

中国香生活的浪漫肇始于战国时期的“香草美人”传统，至两汉时此风大炽，形成独特的博山炉文化，注重烟气的“出香”工艺在此时成熟。魏晋南北朝时期中国用香吸收多元的域外香文化，特别是佛教用香。中唐之后，中国诸多艺道的美学发展趋于成熟，推动人们从嗅觉认知和体验上作深度探索，特别是五代和北宋时期，香学的光彩开始与诗词、书画等主流艺术互相辉映，成为人们感悟自然、修养身心和彰显品位的新的艺术形式。这个时期香谱类书籍大量涌现，谱写香方与修合香品成为读书人重要的修为功课。

香学最终成为一门人文艺术，是两千余年来不同时期人们推动的结果。就文学作品来说，《离骚》为发端，《红楼梦》集大成。翻开中国香文化发展历史，钟情于香者有荀彧、徐铉、苏轼、秦观、洪刍、陆游、倪瓒、朱权、冒襄、董说、袁枚、王訢、郭麐及盖叫天、闻一多等众名士，更有自称“香痴”的黄庭坚、范成大、周嘉胄等。

两汉博山炉文化隆盛之后，香炉器的工艺发展在各个时期又有特色：唐代的鎏金多足银炉、铜行炉，两宋陶瓷香熏炉，明代宣德铜炉，清代丁氏印香炉，等等。明清时期中国香文化以静室、斋房营造作为用香空间发展的最高定格，这样经过两千年的沉淀，香最终成为独具中国人精神特质的文化。

香学不同于传统的艺术门类，更像是纽带、脉络，是传统文化的最鲜活处。香学关注的是天地间最美的事物——芳草香木，同时又不仅仅是其本身，而是以人文视角窥探世间万物共生的和合之道。人们在制作香品时，往往先发现梅花林、兰花丛、桂花树下的美妙气息，心向往之，进而创造出“犹疑似”的芳香空间来，并迎合自己性情所好，使得人文意涵得以彰显。可见和香工艺会有一个境界的考量在里面，只不过不是借助寻常的眼、耳、舌、身，而是鼻息。

香学与诗词、书画、琴曲、园林、雅集等传统文化相辅相成。世间各种美的题旨是一致的，即对意境或境界的考量。香学通过嗅觉增加视觉的感知，丰富听觉的体验，或者创造一个多维度的沉浸场景，让各种感官体验互为融通。正因香与我们的日常生活和文化活动息息相关，所以人们用香有着独特的空间陈设，并不断完善：往往是一条香几，几上陈设炉、瓶、盒组，或有瓶花、桌屏、书策、笔墨诸文事。香几常常被置于空间的最佳位置，以便用香时能够更好地布香，创造一定的仪式感。香学中对天然香料的应用方式唯东方所特有，区别于阿拉伯用香传统和欧美香水文化。

在中国，成熟的用香历史已经超过两千年。根据使用场合和功用的不同，具体的香制品可分为宫廷香、宗教香、药香、民俗香、文人香等，同时这几者之间在发展上又相互重叠、彼此借鉴，比如宫廷用香往往会有宗教香的因素，文人香也会注重药香的功能，等等。前四者发展的历史非常悠久，文人香则在宋代完全独立为新的门类。

文人香，无论从香料修合、香器陈设还是品评鉴赏来说，都具有独特的人文意涵，是香学的主要内容。首先，文人香强调生命的体验，注重的是香方谱写者自身情志的表达。因为香方的谱写、香器的选择和空间的陈设都有着显著的个人背景、喜好和学养等元素在里面，同宗教用香、民俗用香以及药香有着明显区别。其次，文人香中每一个香方的谱写、香品的制作，不是对自然界中某种芳香气味的模仿，而是超越自然的全新创作。

文人香的美学特质，是传统香文化成熟发展的水到渠成。两汉时期中国香文化就展示其跨区域交流的特性，多方面吸收西域、西亚等香文化元素，无论是博山香炉的造型设计还是香料选择都得益于多元交融。隋唐时期印度佛教用香开始深刻影响中国，佛教中的合香工艺以及香方被吸收进来，并依托佛教的兴盛而得到广泛的传播和应用。这个时期中国与阿拉伯世界亦开始贸易往来，其中就包括对伊斯兰用香传统的交流。至中晚唐，中国各类艺道的发展已经趋向成熟，传统审美开始突破宫廷与门阀垄断，为文人香的横空出世提供了基础。

在五代之前香料的使用者主要为皇室和贵族。根据周嘉胄《香乘》对香方的分类，这个时期贵胄们用香主要为香身、熏衣和芳香空间，具有外用的特点。进入两宋，随着科举制度的成熟，读书人不仅需要在仕途上精进，对各类艺术亦报以空前的热情，表现在香学上就是崇尚谱写个人香方，文人香得到普遍重视，对香品的品评成为风尚。

北宋中后期出现了一个对中国传统文化产生重大影响的群体——以苏轼为中心的苏门文人。他们不仅影响着诗词、书画等艺术的发展，而且将文人香与香学提升到与诗歌同等重要的地位。苏轼肯定了“鼻观”的人文要义，黄庭坚将香品鉴赏落实到意境审美的考量上来。宋之后的元明清三代，人们所居之屋，所处之斋，总是离不开氤氲香气。一天的作息，一年的节气，燕居行坐，往来交游，对用香都有特定的要求和规范。香文化融入生活的方方面面，汇聚成独特的东方生活方式。

以中国为主体的东方香学所涵盖的一项工艺、一门艺术或者一种生活方式，在世界各地皆有其独特的发展历史和呈现形式，其中以古埃及、古印度、古阿拉伯等最具特色。古埃及最早进行香料的精油提取和应用，是欧美香水文化的初发之地。古阿拉伯人既是中世纪国际香料贸易的主导者，亦是制香工艺发展的重要推重者，比如公元10世纪阿拉伯人阿维森纳（Avicenna)发明精油萃取法，这在西方香水文化发展中具有划时代的意义。古印度的用香传统和合香法随着佛教东传，对中国、日本等国香文化的发展有着重要影响。数千年来世界文明在交流中互鉴，香文化亦如是。

香学对我们当下生活依然具有重要意义。我们的嗅觉也曾经拥有完美的发现和创造能力，而这个能力在中国以各种方式传承了千年。和香注重自身体验，是嗅觉的审美，所以使用的香料首要是天然，修合工艺须传统地道，方能有助我们理解自然、沉浸人文，否则在文化解读上就会出现障碍，而这正是我们当下急需弥补的部分。

自清代中叶开始，中国香学由于种种原因进入衰微期，西方的香水文化则呈现蓬勃发展之势。直至当代，香学因社会安定、经济繁荣和传统文化复兴而重新走进人们的视野，而对当代香学发展贡献至伟者，为刘良佑教授和他的学生们。

刘良佑教授是现代水墨画家、陶艺家、香学家。刘教授毕生从事中华文化推广工作，先后在台北故宫博物院、台湾文化大学、逢甲大学任职和教学，其研究领域跨越诸多学门，分为文物鉴定、中国传统工艺和香学研究三大方向，涉猎范围甚广而均有建树。他致力于传统香学之研究，于各类香料之辨别、分类、合香、制香、香仪、香学文化等均有独到和深入的研究，晚年寄寓上海弘扬传统香学，创立东方香学体系，为现代香文化发展奠定了理论基础。2004—2007年筹备成立中华东方香学研究会。著有《灵台沉香》《品香之道》《香学会典》等专业性香学著作，堪为当今香学之泰斗。

吾师大熙法师为当代著名儒僧，刘良佑教授入室弟子，整理《金堂香事》等系列香学专题，在“净心契道、品评审美、励志翰文、调和身心”的基础上提点出香学“趣味”之要义。

本书以传统香学作为主要研究对象，分为“香之观”“香之醒”“香之构”“香之合”四个章节，从多个维度来解读传统香事的人文特质和美学意涵。书中“和香”“和合香”特指以传统工艺制作的天然香制品，“合香”指香品的制作流程和工艺，“香品”如无交代特指按照传统工艺制作的香制品。古代资料对用香有多种称法，香丸、香饼、香条多用“爇”“焚”“烧”或“衬烧”，印篆香法用“烧”，熏衣用“烧熏”，本书统一以“用香”指代。《香乘》版本较多，本书引据主要对照文津阁四库全书本和日本早稻田大学无碍庵[1]本。

① 无碍庵是日本美术史家、藏家今泉雄作（1868—1926）之号。

第一章

香之观

第一章

香之观

元丰六年（1083），黄庭坚作《题海首座壁》：

骑虎度诸岭，入鸥同一波。

香寒明鼻观，日永称头陀。

元祐二年（1087），苏轼作《和黄鲁直烧香二首》，其一为：

四句烧香偈子，随香遍满东南。

不是闻思所及，且令鼻观先参。

这两首相距四年的诗作，看似无甚关联，但如果将它们放在文士用香和传统艺术发展的历史长河中来考量，则具有划时代的意义。两首诗作中都提及一个词：鼻观。

元丰六年，黄庭坚与苏轼尚未谋面。苏黄师生情谊的牵线人是孙觉（1028—1090）。孙觉同黄庭坚的舅舅李常相往来，他非常欣赏黄庭坚，后来将自己的女儿孙兰溪许配给黄庭坚，同时孙觉与李常亦结成了儿女亲家。黄庭坚的诗文作品由孙觉的推荐而见赏于苏轼，由此黄庭坚与苏轼开始了书信往来。

黄庭坚在《题海首座壁》中有“香寒明鼻观”句，首次将“鼻观”一词提点出来。元丰八年（1085），黄庭坚以秘书省校书郎被召，同年他与苏轼第一次在京相见。苏轼作《和黄鲁直烧香二首》时，他与黄庭坚已经面叙过师生情谊，此诗中“且令鼻观先参”句引用了黄庭坚“鼻观”一词，可见数年之后苏轼依然记得学生文笔的精彩处，是对黄庭坚才情的肯定。元祐时期的苏轼，历翰林学士、翰林侍读学士、礼部尚书等职，奠定了文坛盟主的地位，黄庭坚的“鼻观”理念经过他的推广，很快被人们接受并流传，特别是在南宋以后，鼻观一词大量出现在各类文学作品中。自此中国传统鉴赏和审美领域出现这一新内涵，这对中国香文化发展具有开创性的意义。

鼻观之观，《说文解字》云：“谛视也；从见、雚声。”在感官上，观是眼睛的官能，但不仅仅是看到，是走心的。观与鼻相连，是从嗅觉到视觉的跨越。可见鼻观是通感的一种，钱锺书先生有专文《通感》论述此理论，其中对嗅觉借香气“观”世界的举证较多。人们最早期以香气感悟世界的，多记载于佛典中。以鼻息参学悟道，《楞严经》卷五云：

> 世尊教我及拘绨罗，观鼻端白。我初谛观，经三七日，见鼻中气出入如烟，身心内明，圆动世界，遍成虚净，犹如琉璃；烟相渐销，鼻息成白，心开漏尽，诸出入息化为光明，照十方界，得阿罗汉，世尊记我当得菩提。佛问圆通，我以销息，息久发明，明园灭漏，斯为第一。

可见“观鼻端白”是佛教重要修行法门之一，即注目谛观鼻尖。黄庭坚在《谢曹子方惠二物二首》其一有：“飞来海上峰，琢出华阴碧。炷香上袅袅，映我鼻端白。听公谈昨梦，沙暗雨矢石。今此非梦耶，烟寒已无迹。”由此可见，“鼻端白”的概念在宋人诗文中已有采用。而《楞严经》卷五所载的“香严童子”故事则多了以香为“观”的觉察：

> 香严童子即从座起，顶礼佛足而白佛言：我闻如来教我谛观诸有为相。我时辞佛，宴晦清斋，见诸比丘烧沉水香，香气寂然来入鼻中。我观此气，非木、非空、非烟、非火，去无所著，来无所从，由是意销，发明无漏。如来印我得香严号。尘气倏灭，妙香密圆。我从香严得阿罗汉。佛问圆通，如我所证，香严为上。

其中“我观此气，非木、非空、非烟、非火，去无所著，来无所从，由是意销，发明无漏”，是香严童子通过“观”的方式，即“谛视”，借鼻息所感的香气醍醐灌顶，从而得道。“无漏”在佛门中有解脱烦恼之意。香严童子故事是“鼻观”的曙光，秦观在《法云寺长老然香会疏文》中有“大则香积如来，令天人而入戒律；次则香严童子，得罗汉而证圆通”之句。此时士人以崇佛信道为雅，比如秦观的号就是淮海居士，别号邗沟居士。秦观年轻时就对佛学有很深的造诣，苏轼在写给王安石的《上荆公书》中举荐秦观时这样称赞自己学生：“此外，（秦观）博综史传，通晓佛书，讲集医药，明练法律，若此类，未易以一一数也。”从中可一窥宋代士人的博学厚重——精通医药和佛学，所以常以香入文，借香明性，香中有禅。

对于《楞严经》中的香严童子故事，黄庭坚也曾记文演绎过，即《幽芳亭记》，根据《黄庭坚全集·别集》卷二所录：

> 兰生深林，不以无人而不芳；道人住山，不以无人而不禅。兰虽有香，不遇清风不发；棒虽有眼，不是本色人不打。且道这香从甚处来？若道香从兰出，无风时又却与萱草不殊；若道香从

风生，何故风吹萱草无香可发？若道鼻根妄想，无兰无风，又妄想不成。若是三和合生，俗气不除。若是非兰非风非鼻，惟心所现，未梦见佛祖脚跟有似恁么，如何得平稳安乐去？涪翁不惜眉毛，为诸人点破：兰是山中香草，移来方广院中。方广老人作亭，要东行西去，涪翁名曰“幽芳”，与他着些光彩。此事彻底道尽也，诸人还信得及否？若也不得，更待弥勒下生。

《幽芳亭记》没有如香严童子故事中给出悟证的确切答案，而是升华成一种“犹疑似”的哲学。黄庭坚有位好友释惠洪，为首位系统提出“文字禅”的诗僧，他在《石门文字禅》卷一八《泗州院旃檀白衣观音赞》中有对“通感”的初期解读：

龙本无耳闻以神，蛇亦无耳闻以眼。牛无耳故闻以鼻，蝼蚁无耳闻以身。六根互用乃如此，闻不可遗岂理哉。彼于异类昧劣中，而以精妙不间断。

视觉、听觉、触觉、嗅觉、味觉可以彼此打通，眼、耳、舌、鼻、身各个官能的领域可以不分界限，即释惠洪的“六根互用”，这样就一下子拓宽了对嗅觉的认知与阐释空间，使得不易传达的香气鉴赏有了落实之处，最终成就“鼻观”之学。

为什么会是黄庭坚呢?

香学作为一门独立艺术的形成，主要的推动者是黄庭坚。黄庭坚（1045—1105），字鲁直，自号山谷道人，晚号涪翁，洪州分宁（今江西修水）人。黄庭坚是北宋著名的诗人、词人和书法家，江西诗派开山之祖，与杜甫、陈师道和陈与义素有“一祖三宗”（黄庭坚为其中一宗）之称。而黄庭坚在香学上的贡献则少有彰显。

黄庭坚在香学上有其深厚的家学渊源。黄庭坚的父亲黄庶（1019—1058），字亚夫，能诗善文，与欧阳修、苏舜钦等往来，有《伐檀集》传世。在《香乘》中收录的《黄亚夫野梅香》香方，据传为黄庶所谱写，可见其对香的喜爱并躬身其中。《黄亚夫野梅香》是一个以降真香为主的香方，我们知道降真香是道教所珍视的香料，黄庭坚对道教亦推崇，目前珍藏于台北故宫博物院的《制婴香方帖》，据证是黄庭坚手迹，而婴香方就是源自道教的一款香方，足见黄庭坚深受其父的影响。

在黄庭坚年少的时候，又有一人对他熏陶颇深，就是北宋文学家孙觉。孙觉字莘老，官至御史中丞，师从胡瑗、陈襄，在春秋学、易学诸方面有很高的造诣。孙觉与苏轼、王安石、苏颂、曾巩等文士相往来。由于黄庶去世早，黄庭坚跟随自己的舅舅李常到江苏涟水生活游学，有机会被李常举荐给了好友孙觉（孙觉儿子孙端娶李常长女）。孙觉对黄庭坚极为赞赏，将女儿孙兰溪许配给了他。黄庭坚青少年时期在淮南游学，并在孙家生活过一段时间，孙觉对他关怀、教益颇多，宋代范温（秦观女婿）在《潜溪诗眼》中说黄庭坚少时诵薛能诗以为是杜甫所作，孙觉指出“杜诗不如此”，黄庭坚因孙觉之言而懂得杜诗的高雅大体。黄庭坚的人格修养方面亦多受孙觉影响，识孙公而“得闻言行之要”。

孙觉留意用香，生活中处处离不开香，秦观的《奉和莘老》《次韵莘老》等和诗从侧面反映了孙觉对香的热衷。秦观同为高邮人，并与孙觉有亲戚关系，当孙觉在老家丁忧守制时，秦观从其学。这两首诗中有“黄卷香焚春畹晚，绛纱人散夜萧森”“御香春晚炷，宫蜡夜深燃”，同样是“春畹晚”和“春晚炷”，前者是作者表达对师生情谊的珍惜和回忆，后者则是对师长才艺超群、年少即匡扶社稷的景仰。“黄卷香焚”，孙觉爱香，书斋中时时需要焚香以相衬。“御香”是宫廷所赏赐之香。黄庭坚在高邮与孙兰溪成婚并生活了一段时间，孙觉用香对爱婿有潜移默化的影响，黄庭坚在《谢答闻善二兄九绝句》其六云“莘老夜阑倾数斗，焚香默坐日生东”，岳父性喜焚香对其多有熏陶。

在黄庭坚家族里，外甥洪刍深受其影响亦研于香学，并编撰了香谱类专书，即《洪氏香谱》。洪刍（1066—1128），字驹夫，江西南昌人，江西诗派的重要诗人之一，曾官至左谏议大夫。与其兄洪朋，弟洪炎、洪羽皆有才名，合称“豫章四洪”。洪刍所编辑的《香谱》是目前存世最早、保存比较完整的香药谱录类著作，目前以中国国家图书馆所藏宋刻《百川学海》两卷本历史最为悠久。洪刍将香谱分章为四个部分，分别为“香之品”“香之异”“香之事”和“香之法”，涵盖历代用香史料、香品、用香方法以及各种和香配方等涉香事项，为后世香谱的编撰和传承规范了程式。

洪刍之字“驹夫”即由黄庭坚所取，他希望洪刍如“秋黄騄駬之驹，一秣千里，御良而志得”，可见黄庭坚对其期望甚高。《山谷集》收录有很多黄庭坚与洪刍的书信，多为谆谆教诲，如在《答洪驹父书》中有：“自作语最难，老杜作诗，退之作文，无一字无来处，盖后人读书少，故谓韩、杜自作此语耳。古之能为文章者，真能陶冶万物，虽取古人之陈言入于翰墨，如灵丹一粒，点铁成金也。”黄庭坚的教诲使得洪刍对用香事项皆用心落笔，黄庭坚对外甥香学上的研究亦多有关注，根据陈敬《新纂香谱》卷三“韩魏公浓梅香”条引黄庭坚跋云：

> 余与洪上座同宿潭之碧湘门外舟中，衡岳花光仲仁寄墨梅二枝扣船而至，聚观于灯下。余曰：“只欠香耳。”洪笑发谷董囊，取一炷焚之，如嫩寒清晓，行孤山篱落间。怪而问其所得，云：自东坡得于韩忠献家，知余有香癖，而不相授，岂小鞭其后之意乎？洪驹夫集古今香方，自谓无以过此。以其名意未显，易之为返魂梅云。

此跋文记载黄庭坚的一次品香友聚，文尾提及洪刍“集古今香方”之事，即编撰香谱，“自谓无以过此”，说明黄庭坚同洪刍一起品评交流过韩魏公浓梅香，可见黄庭坚对洪刍编撰《香谱》很是支持，以其“香痴”的学养，肯定对此谱有充分的指导。洪刍除了编撰香谱，亦制香，比如《香乘》所载的“洪驹父百步香（别名万斛香）”“洪驹父荔枝香”等香皆是他的作品。

黄庭坚个人在香学上的建树是多方面的，对传统香人文化发展起到了关键作用，可以说有着开山立宗的地位。

首先，黄庭坚热衷谱写香方，又利用自身的影响和广泛交游的机会推荐他人的优秀香方，特别是其诗文作品，对接触到的香方香法总是不惜笔墨地记载称颂，这些香方因之得以流传。目前与黄庭坚有关联的传世香方非常多，在《香乘》中收录有“黄太史清真香”“意和”“意可”“深静”“小宗”“韩魏公浓梅香（改名返魂梅）”“帐中香”“闻思香”“婴香”等，其中“黄太史清真香”是由黄庭坚自己谱写，其他多为友人的作品，有的香方谱写者并不是当世名家，香方能流传到现在，皆归功于黄庭坚的努力。

在《山谷诗集》第三卷录有黄庭坚的和诗三首，分别为《有惠江南帐中香者戏答六言二首》《子瞻继和复答二首》《有闻帐中香以为熬蝎者戏用前韵二首》，皆是围绕“江南帐中香”这一经典香方而铺陈。

有惠江南帐中香者戏答六言二首

（其一）

百炼香螺沈水，

宝薰近出江南。

一穟黄云绕几，

深禅想对同参。

（其二）

螺甲割昆仑耳，

香材屑鹧鸪斑。

欲雨鸣鸠日永，

下帷睡鸭春闲。

子瞻继和复答二首

（其一）

置酒未容虚左，

论诗时要指南。

迎笑天香满袖，

喜公新赴朝参。

（其二）

迎燕温风旎旎，

润花小雨斑斑。

一炷烟中得意，

九衢尘里偷闲。

有闻帐中香以为熬蝎者戏用前韵二首

（其一）

海上有人逐臭，

天生鼻孔司南。

但印香严本寂，

不必丛林遍参。

（其二）

我读蔚宗香传，

文章不减二班。

误以甲为浅俗，

却知麝要防闲。

“江南帐中香”即“江南李主帐中香”，此中江南李主即南唐国主，因为南唐传三世一帝二主，这二主即中主李璟、后主李煜，皆是重文崇艺之人，都留意香事。根据《香乘》“香宴”条记载：“李璟保大七年召大臣宗室赴内香宴，凡中国外夷所出，以致和合煎饮佩戴粉囊共九十二种，江南素所无也。”“江南帐中香”最早记载于洪刍《香谱》，法以鹅梨汁蒸沉香用之。《香乘》中多处收录有关“江南帐中香”的香方，第十四卷记载“江南李主帐中香”四个，第十六卷“江南李主煎沉香”一个、“李主花津沉香”一个，第十八卷“李主帐中梅花香”一个。在这七个香方中，联系洪刍提及的“鹅梨汁”，那么“江南李主帐中香”中的“又一方”“又方补遗”和“江南李主煎沉香”这三款符合条件，综合此三方，其法基本以沉香削成屑，“铿如炷大”，将鹅梨切碎取汁，然后将沉香屑和以梨汁共蒸，辅以檀香末或者苏合香油，其过程类似合香工艺中的沉香修制法。

黄庭坚通过“江南帐中香”，借诗演绎了北宋文士用香的面貌：就使用的香材而言，有甲香（香螺、螺甲、昆仑耳）、沉香（沉水、鹧鸪斑）、麝香等，联系以上七方，与第十八卷所记的“李主帐中梅花香”相近，即“丁香一两（新好者），沉香一两，紫檀香、甘松、零陵香各半两，龙脑、麝香各四钱，制甲香三分，杉松麸炭末一两”。诗中焚爇所用的香炉为“睡鸭”，一种鸭形的香熏炉。香谱为范晔（字蔚宗）所作的《和香方》，即所谓“蔚宗香传”，可惜早佚，仅存序文。主要内容为：

麝本多忌，过分即害；沉实易和，盈斤无伤；零藿燥虚，詹糖黏湿，甘松、苏合、安息、郁金、柰多、和罗之属，并被珍于外国，无取于中土。又枣膏昏钝，甲煎浅俗，非惟无助于馨烈，乃当弥增于尤疾也。

诗中黄庭坚所提“深禅”，即“鼻观禅”。三组诗其实是黄庭坚关于“帐中香”的偈语，也即诗偈。很多时候智慧不是仅凭耳闻目见所能企及，还要借助鼻根的嗅觉观照才能参透，即黄庭坚的“鼻观”之学。“鼻观”或者“鼻观香”的功夫有品香、观烟等内容，品香是鉴赏香品加热或焚燃后香气所营造的意境，观烟即品察炉烟的变化寻得神思灵感，历史上人们还会通过某类香品的燃烧所呈现的形态来提点情感与精神，比如印篆香法。观烟不同于一般的嗅觉体验，甚至完全脱离芳香的考量直接追求烟形，所以很少被研究者所关注，其实焚香观烟一直贯穿中国人用香的历史。

古人早期借助香的烟气达到祛疫辟瘟的基础作用。在中国香文化第一次大发展的两汉时期，人们还通过焚烧香料所产生的烟雾来营造仙境，以迎合流行的神仙思想，从而产生博山炉这一香炉重器。标准制式的博山香炉由炉盖、炉身和承盘三个部分组成，其中最具时代特征的是炉盖。博山香炉的炉盖呈圆锥体的山形，内中空，外铸成山峦叠嶂，山峦之间作镂孔用于出烟。一炉香起，烟从山峦间溢出，雕刻其间的人兽形象随着烟气而生动起来，此时人们席地而坐，身边一片云雾缓缓游动，仿若仙境，这正是后世用香时崇尚观烟的文化源头。徐铉在《和翰长闻西枢副翰邻居夜宴》诗中就有“香烟结雾笼金鸭，烛焰成花照杏梁”，就是描写鸭形香熏炉出烟的情形，烟气凝聚，营造出朦胧与灵动的观感。

烟气在气息流动中会腾挪舒展、变化万千，展示出无穷尽的线条美，这一特点被书画、曲艺、武术等注重线条、空间、身段等的传统文化所吸收，从中得来诸多创作灵感。齐白石作有落款为“借山吟馆主者”的炉烟图，整幅画仅有一只桥耳乳足香炉，炉中一香凝然，寥寥数笔，以线条和墨色勾勒出寂然之境界。齐白石最让人称道的是他“心闲气静一挥”的创作气度，他日常离不开焚香，他的书画弟子梅兰芳曾问道：“师翁的书画别具生气，是怎么练出来的？”齐白石回答道：“无他，焚香养气而已”，“观画，在香雾飘动中可以达到入神的境界；作画，我也于香雾之中做到似与不似之间，写意而能传神”。可见，无论是观画还是作画，焚香的烟气所构建的灵动场景，能够为齐白石的书画艺术带来滋养。在曲艺界将观烟运用得炉火纯青的代表是京剧南派大师盖叫天。盖叫天以武生见长，创立“盖派”艺术，其对角色身段的演绎能够出神入化，特别是对武松舞台形象的塑造。焚香观烟则是盖叫天平时的台下功夫之一，他将烟形的腾挪变化借鉴到艺术创作中，成功塑造了武松等经典的舞台形象，成为一代京剧大家。

鼻观香的另外一种意涵就是通过香品燃烧所呈现的形态来提点情感与精神，主要体现在印篆香法中。北宋婉约派一代词宗秦观将印篆香的场景大量运用到他的词作中，比如“欲见回肠，断尽金炉小篆香”“翠被晓寒轻，宝篆沉烟袅”“宝篆烟销鸾凤，画屏云锁潇湘”等。我们知道，印篆香就是以镂空的篆模为范，将和好的香粉填充在镂空处，提取篆模后点燃成形的香粉。为了在有限的空间里表达更丰富的内容，篆模的制作类似于印章篆刻，一笔画的镂空纹路多以篆文的书体设计，所以拓好的香粉看上去是一个来回曲折的图形，这样当一头被点燃，火星会沿着图形作迂回状，如同物事徘徊一般。这样的场景被人们大量借喻，用来表达亲情、友情、爱情等情感中的悱恻、眷恋和别离。清代郭麐有词《如此江山·香篆》，将此意境描绘得淋漓尽致：

何人斜掩屏山六，帘衣又深深下。小炷微红，轻丝渐袅，静看萦窗寻罅。尖风易惹。恨刚结心同，又吹烟灺。一缕柔肠，分明宛转为伊画。

湔裙水上犹记，博山炉俱过，前约都谢。罗带轻分，银槃愁寄，难剪梦云盈把。熏笼倚罢。对灯影离离，悄无言者。手拨余灰，隔窗梅雨洒。

清代纳兰性德在《梦江南·昏鸦尽》中有“急雪乍翻香阁絮，清风吹到胆瓶梅，心字已成灰”，这里的“心字已成灰”之“心”，即香篆模就是一个“心”字图案，香烬灰冷，心已空。由秦观到纳兰性德，相隔五百年，那份士人的情怀不变。同时香粉燃烧后留下的香灰往往由于香脂的原因断成一节一节，所谓“柔肠寸断”正是此意象，晚唐李商隐早在《无题·飒飒东风细雨来》中有“春心莫共花争发，一寸相思一寸灰”。

鼻观功夫带来的身心滋养是多层次的。

黄庭坚所作《贾天锡惠宝薰乞诗予以兵卫森画戟燕寝凝清香十字作诗报之》组诗，体现了其“鼻观”自修的思想。全诗一共十首：

（其一）

险心游万仞，躁欲生五兵。

隐几香一炷，灵台湛空明。

（其二）

昼食鸟窥台，宴坐日过砌。

俗氛无因来，烟霏作舆卫。

（其三）

石蜜化螺甲，榠楂煮水沉。

博山孤烟起，对此作森森。

（其四）

轮囷香事已，郁郁著书画。

谁能入吾室，脱汝世俗械。

（其五）

贾侯怀六韬，家有十二戟。

天资喜文事，如我有香癖。

（其六）

林花飞片片，香归衔泥燕。

闭阁和春风，还寻蔚宗传。

（其七）

公虚采蘋宫，行乐在小寝。

香光当发闻，色败不可稔。

（其八）

床帷夜气馥，衣桁晚烟凝。

瓦沟鸣急雪，睡鸭照华灯。

（其九）

雉尾映鞭声，金炉拂太清。

班近闻香早，归来学得成。

（其十）

衣篝丽纨绮，有待乃芬芳。

当年真富贵，自薰知见香。

“隐几香一炷，灵台湛空明”，一炷香之际，可以化解世俗的“险心”与“燥欲”，得来内心澄明。“俗氛无因来，烟霏作舆卫”，香烟可以隔绝尘世中的不洁之气，足以护卫一片心灵净地。鼻观之妙，只有身临其境，方能有所得，即“谁能入吾室，脱汝世俗械”。“天资喜文事，如我有香癖”，黄庭坚可算是自诩有“香癖”者第一人，并且认为自己雅好用香是与生俱来的，由此也可见黄庭坚的嗅觉感知一定非常出色。此组诗提点了中国香文化的哲学内涵，为后世尊崇。在日本香道界有《香之十德》流传，传为黄庭坚所撰，即：

感格鬼神　清净心身

能除污秽　能觉睡眠

静中成友　尘里偷闲

多而不厌　寡而为足

久藏不朽　常用无障

《香之十德》是对用香事项内在特质的概括，仿佛是对《贾天锡惠宝薰乞诗予以兵卫森画戟燕寝凝清香十字作诗报之》组诗的提炼，此《香之十德》当为明代人托黄庭坚之名杜撰而来。明末周嘉胄在《香乘》自序中，将香之为用概括为通天集灵、祀先供圣、返魂祛疫、辟邪飞气、幽窗破寂等，与《香之十德》表意非常接近。此《香之十德》对日本的香道文化影响非常大，有传承历史的老香铺，比如松荣堂、鸠居堂等，在文化推广中都会注重《香之十德》。

台北故宫博物院藏有被认定为黄庭坚行草真迹的《制婴香方帖》。该帖为纸本，纵28.7厘米，横37.7厘米，详细记载了制作“婴香”所用香料情况与和合之法。根据字迹判断，此帖是黄庭坚凭记忆为朋友录写，信手而来，应该是某年某日在某地，朋友间交流时即兴而作。这是宋代特有的风尚，香方是公开交流的，如同诗词作品一般。九百年之后细观此香方帖，依然能感受到北宋香世界的辽阔气象。此帖内容为：

> 婴香。角沉三两末之，丁香四钱末之，龙脑七钱别研，麝香三钱别研，治弓甲香一钱末之，右都研匀。入艳（牙）消半两，再研匀。入炼蜜六两，和匀。荫一月取出，丸作鸡头大。略记得如此，候检得册子，或不同，别录去。

《制婴香方帖》首行“婴香”二字，说明香方之名。接着记录此香方所选香料种类，分别为角沉、丁香、龙脑、麝香、甲香和牙硝，并介绍合和之法。香帖中有多处字迹涂改，有如王羲之的《兰亭集序》，猜测亦是酒中或宴后写就。

“婴香方”是在宋代流传广泛的一款香方。“婴香”之名出自南朝时医药家陶弘景（456—536）所著的《真诰》：“神女及侍者，颜容莹朗，鲜彻如玉，五香馥芬，如烧香婴气者也”，“香婴者，婴香也，出外国”。因《真诰》为道家经典，婴香在宋代被选为道家日常礼仪所用香，张邦基在《墨庄漫录》中有“觉香韵不凡，与诸香异，似道家婴香，而清烈过之”。至于婴香之气味，黄庭坚的婴香方取醇厚久远的“角沉”为主要香料，当为海南所产，整体香气馥郁清烈，如苏轼所云：“温成皇后阁中香，用松子膜、荔枝皮、苦练花之类，沉檀龙麝皆不用。或以此香遗余，虽诚有思致，然终不如婴香之酷烈。”“酷烈”二字，当是婴香的气韵特点。

北宋香学家颜博文在《颜氏香史序》中有言：“……不徒为熏洁也。五藏惟脾喜香，以养鼻观、通神明而去尤疾焉。”每一则香方都是嗅觉评定的落实，黄庭坚所写婴香方，意味着对于特定气韵的选择与取舍。因此，香料种类、数量、修合法的差异，决定配方在气韵上的不同。

黄庭坚对中国香文化发展，特别是香学，最突出的贡献就是将其提升到艺术美学的高度。人们用香，起源于对自然美好和生活品质的追求，从而将焚烧芳草香木用于宫廷、宗教、民俗等人类生活的方方面面。香料的使用也由直接焚烧发展到将不同种类的香料根据用途合理组合，创造出全新的香品。当然，这个过程是漫长的。从五代到北宋，人们开始流行谱写香方，当时对此的热衷程度不亚于填词，对香方水准的品评便成为考量人文素养和鉴赏水平的一项修为。依托香方的香品成为特殊的作品，如同诗词书画一样可以用来进行文化交流和喜悦分享。

“天资喜文事，如我有香癖”，因为爱香，所以处处留意香，品评鉴赏香品就成为黄庭坚的兴趣爱好，再由于他的身份和学养，人们渴望自己的和香作品能够得到他的品评。正因如此，许多优秀香方、香法因为黄庭坚的原因而得以流传至今，比如上文提及的意和香。

哲宗元祐元年，黄庭坚在秘书省，贾天锡以所制意和香换得黄庭坚香偈诗十首。黄庭坚犹恨诗语未工，未能尽誉此香，“甚宝此香，未尝妄以与人”，显示意和香制作的精妙。黄庭坚评价此香为“清丽闲远，自然有富贵气”，以现代语境来说，富贵气更多是视觉的描述，黄庭坚将“清丽闲远”勾勒为富贵气，是对文人“四般闲事”之“闲”的精妙解读，即心境的优裕。同对一般艺术的品评不同，黄庭坚认为“富贵气”也是一种觉知魅力，正如《二十四诗品》中有“绮丽”“清奇”诸品，万千世界，美的呈现有多种姿态。根据《香乘》第十七卷记载，意和香香方为：

沉檀为主，每沉一两半，檀一两。斫小博骰体，取榠滤液渍之，液过指许，浸三日，及煮干其液，湿水浴之。紫檀为屑，取小龙茗末一钱，沃汤和之，渍碎时包以濡竹纸数重炰之。螺甲半两，磨去龃龉，以胡麻熬之，色正黄则以蜜汤遽洗，无膏气，乃以青木香为末以意和四物，稍入婆律膏及麝二物，惟少以枣肉合之，作模如龙涎香样，日熏之。

此香方将香料的具体炮制法一一交代，更注重合和之“法”，即《香乘》核心章节“法和众妙香”的题旨。意和香所用香料为沉香、檀香、甲香、青木香、婆律膏和麝香六种，黏合剂为枣泥。除了香料的甄选，每种香料的修制法度一样重要，这决定了意和香的最终韵味。主要香料沉香需要经过斫、渍、浸、煮、浴等步骤加工，仅檀香一味所涉及的修制辅料有小龙茗、濡竹等。由此可见，意和香的富贵气，在所用香料修制的法度上就有所体现，非一般合香家所能企及。

在“黄太史四香”中，深静香亦是一款黄庭坚所推崇的香品。深静香的制作者为欧阳元老，他特别为黄庭坚制作这款香，黄庭坚云：

荆州欧阳元老为予制此香，而以一斤许赠别。元老者，其从师也能受匠石之斤，其为吏也不锉庖丁之刃，天下可人也。此香恬澹寂寞，非其所尚，时下帷一炷，如见其人。

深静香香方的谱写者为“荆州欧阳元老”。欧阳元老，即欧阳献，字符老。欧阳元老以“一斤许”的深静香赠送给黄庭坚，可见香品是人们往来交游的绝妙信物。同时每一款香都是制作者根据自己的志趣谱写香方并制作，所以最能体现自己的学养水平，正如通过观察字体风格可以判断书写者的性格特点一样，“时下帷一炷，如见其人”说明通过闻香同样可以寻得知己，香如其人。那么欧阳元老所制的深静香的意境如何呢？黄庭坚评之为“恬澹寂寞”，是孤寂出尘之香，切合欧阳元老亲山爱水、恬澹自得的禀性。根据《香乘》所录，深静香的组方和制法为：

海南沉水香二两，羊胫炭四两。沉水锉如小博骰，入白蜜五两水解其胶，重汤慢火煮半日，浴以温水，同炭杵捣为末，马尾罗筛下之，以煮蜜为剂，窨四十九日出之。婆律膏三钱，麝一钱，以安息香一分和作饼子，以瓷盒贮之。

深静香所用主要香料为“海南沉水香”，特别注明产地海南，说明黄庭坚对此地沉香的偏好，比如“黄太史四香”之意可、小宗等皆选海南产的沉水香。周去非在《岭外代答》中论述沉水香时有记：“山谷香方率用海南沉香，盖识之耳。”深静香另选香料为婆律膏、麝香、安息香等，黏合剂用炼制后的蜂蜜。

我们再联系黄庭坚对韩琦所谱“返魂梅”香的品评，“如嫩寒清晓，行孤山篱落间”，这是一个场景再现，是“浓梅香”焚烧时营造的雪后梅林的空间感。仅从黄庭坚对意和、深静、返魂梅等诸香品的评语可知，在北宋时期，人们崇尚亲自谱写香方、修制香料，最后依方合和，具有极其独特的人文趣味。

和香以谱写香方与香品鉴赏为主要内容，正式走进中国传统生活中。以和香为主要内容的香学作为一种艺术形式，首先在文士间进行实践，继而转化为一种风格传统。宋代科举制度的成熟缔造了一个功勋卓著的文士群体，有别于唐代的封建世袭贵族，文士们影响着这个时代的文化基调，创造了各类艺术新的风格。在这样的氛围中，以苏轼、黄庭坚为主的文士们开始思考创造一种特殊类型的日常香熏——文人香。纵观北宋至南宋，香学一直是整个士人文化的一部分，并开始与更早发展的诗歌、书画并肩而行。

宋代文士们注重香学的“士气”，当这种态度在和香中出现，就标志着香学已深入到文士阶层当中，得到了像诗那样的主流艺术地位。香学开始成为读书人仕途生涯的资本，是展示才华的手段，更是彰显个性的方式，和香被认为如诗歌、书画那样反映出谱写者的品格，是谱写者的一面镜子。鉴赏香品是闻香如见其人，香芬烟气主要考量人文价值，嗅觉知音成为香学艺术发展的基本动力。

中国香文化的第一次大发展是在汉代，而香学的成熟则是在两宋。两宋时期，人们之所以对香学如痴如醉，很重要的原因是香品焚爇后所营造的空间感非常符合人们对美学意境或境界的追求。首先，香品的配方可以根据自己的兴趣谱写，不同的香方代表了合香者各自的志趣，所以两宋士人热衷亲自谱写香方，根据《香乘》所录，宋人所谱写的香方数量最为可观。其次，不同的香品焚烧后所带来的体验各不相同，身处其中，人文工艺与自然香芬融为一体，从而有涵泳不尽之意。再次，传统香品都是和合香，不同于任何一种具体的天然香材，是士人根据自己的喜好创造的全新的香芬，是独特的、唯一的，是一种新颖的感知体验和意趣表达。传统香品由于有多方面与意境审美相关联，所以用香成为“四般闲事”（烧香、点茶、挂画、插花）之首，使得人们热心参与其中，众多香谱类香学专著也随之出现。就对后世影响来说，黄庭坚的“鼻观”之学对香学的贡献至伟。

如果宋朝代表着中国香文化发展的高峰，那么登临此胜境之前，国人在此芳香路上有着漫长跋涉。中国人用香的历史悠久，这一传统与人文开始产生关联是战国时期。从战国到北宋，前后将近一千五百年的历史，又可分为六朝及以前、隋唐和五代宋初这三个发展阶段。

六朝及以前

在中国南方地区，自孙吴起至隋灭陈止，为六朝时期。六朝承汉启唐，在北方战乱频繁、社会遭受严重破坏时，南方在经济、科技、文学、艺术等方面均达到了空前的繁荣。将中国香熏文化发展历史的界点选在六朝，还考虑到自然地理因素。南朝政权的基本地理区域为淮河以南的中国南方，因为气候和环境影响，本地民间自古有用香的生活需求，或辟疫，或驱虫，或祭祀，或香身，等等，同时，中国主要的原生芳香植物也盛产于此地，这里是中国香熏习俗的主要发祥地。目前出土的大量六朝以前的香熏炉器文物也印证了这一观点，说明中国南方香文化的优先发展具有深厚的民间基础。

先秦时期中国香文化还处在萌芽阶段，尽管有祭祀的“燔柴爇艾”，但与日用的焚香还是有距离的。此时与用香关联的名士以战国时期南方楚国贵族屈原（约前340—前278）为大家所熟悉。相传为屈原所开创的“楚辞”，不仅是一种新诗体，更是首次具备“人文”特质的文学作品，开始注重个体生命感悟和情意创造，这对中国文学艺术发展具有划时代的意义。《离骚》中的“扈江离与辟芷兮，纫秋兰以为佩”“余既滋兰之九畹兮，又树蕙之百亩”“朝饮木兰之坠露兮，夕餐秋菊之落英”等，是早期士大夫佩香、食香和莳香的描写，同时屈原将不同的植物按照香气差异人格化为“君子”（比如兰、桂）和“小人”（比如艾、萧），开启了后世以“香草美人”为天地正气的先河，这里的“美人”指代世间所有的美好意象。

秦朝国祚短，香文化于西汉首次出彩，此时以博山炉文化为时代特色。汉武帝时期，由于西域的开通和南海的开发，目前可知的主要香料开始进入中原，树脂类香料（比如龙脑）的使用由宫廷推广到贵族中。东汉前期佛教文化得到宫廷重视，佛教用香渐渐为人们熟悉。汉魏时期，最为人们津津乐道的是荀彧用香的轶事。荀彧（163—212）出身名门士族，是曹操统一北方的首席谋臣和功臣，被敬称为“荀令君”，又因其行坐不离香，从而有“令君香”“荀令香”等记载。初唐《艺文类聚》有记：“荀彧在汉末曾守尚书令，人称荀令君，得异香，至人家坐，三日香气不歇。”由于荀令君品性高洁，为世人楷模，苏轼就有“吾尝以文若（荀彧字）为圣人之徒者，以其才似张子房，而道似伯夷也”的高度评价，顺应“香草美人”的传统，荀彧用香之事被广为传颂。后世以“令君香”“荀令香”代指高雅士人的风采，比如清代高鹗诗作中就有“荀令衣香去尚留，明河长夜阻牵牛”之句。在《香乘》第十九卷收录有“荀令十里香”，就是一款用作佩带香身的古香。

到了西晋，丝绸之路依然畅通，香料贸易顺达，此间有“韩寿偷香”的典故，流传至今。《晋书·贾谧传》记载：“晋韩寿美姿容，贾充辟为司空掾。充少女午见而悦之，使侍俾潜修音问，及期住宿，家中莫知，并盗西域异香赠寿。充僚属闻寿有奇香，告于充。充乃考问女之左右，具以状对。充秘其事，遂以女妻寿。”这是以香为爱情信物的故事，贾午以“西域异香”赠韩寿，而事发的原因也是因为此信物所散发的特别香气，最后贾充成全了这段姻缘。可见在西晋时期，独特的香气代表的是贵族和门阀的身份，“奇香”“异香”仅使用于贵胄之中。此典故于后世流传较广，晚唐李商隐有诗“贾氏窥帘韩掾少，宓妃留枕魏王才”，北宋欧阳修有“身似何郎全傅粉，心如韩寿爱偷香”之语，可见香作为中国古代生活中精致的部分，由于其专属特性，与其相关的典故很容易被流传，而又由于韩寿的士族身份，其故事自然为后世所津津乐道。

南朝宋时期的范晔（398—445）亦出身士族，是著名的史学家、文学家，难得的是他写有《和香方》一书，是目前可证的最早香谱类文献，可惜此书已佚，仅存序文一篇，记载于南朝梁沈约所撰的《宋书·范晔传》中。上文已作收录。

由范晔自序可见，他对主要香料的性质是非常了解的，在制香中的取舍有明显区分，应该有长期和香的经验心得，特别是“和”的理念已经非常成熟，这是中国香品制作的根本精神。说明进入南朝，士大夫们用香、制香已经不是偶尔为之了。同时沈约在所载《和香方》序后写有一段说明：

> 此序所言，悉以比类朝士：“麝本多忌”，比庾炳之；“零藿虚燥”，比何尚之；“詹唐黏湿”，比沈演之；“枣膏昏钝”，比羊玄保；“甲煎浅俗”，比徐湛之；“甘松、苏合”，比惠琳道人；“沉实易和”，以自比也。

文中庾景之、羊玄保、徐湛之和惠琳道人与范晔为同时代人，沈约以《和香方》序文中香料的特性来比拟时人，正是延续屈原“香草美人”的品评风尚。

《香乘》第十八卷收录有《寿阳公主梅花香》一方，香名中的“寿阳公主”是南朝宋武帝刘裕之女。此方是模拟梅花林的香韵，取九味香料合和而成，是南朝时少有的传世香方。正因寿阳公主与梅花的关联，民间将她视作农历正月的女花神。

以上几则六朝及以前的香事典故，说明香在人们心目中一直有着崇高的寓意。屈原、荀彧、韩寿、范晔、寿阳公主等各自所处的时代不同，但他们皆具备非凡的人格魅力，正如曹植评价荀彧为“如冰之清，如玉之洁，法而不威，和而不亵”，由于他们用香、喜香甚至制香，似乎也只有香才能代表他们的高洁形象。他们所用的香品随时代变化而不同，屈原的“兰蕙椒桂”是楚地香料，荀彧的“异香”和韩寿的“西域异香”多为域外香品，到了南朝范晔、寿阳公主所用之香，已经不仅仅是日常的礼仪用香，而是深入到了和合香的层面，香学的时代越来越近。

隋唐时期

隋唐时期的香文化可谓气象万千。宫廷用香崇尚奢华，隋炀帝除夕夜烧沉香、甲煎香，“焰起数丈，香闻数十里”；唐时贵胄好斗香，“各携名香，比试优劣，名曰斗香”。这个时期中外文化交流空前，南亚的印度佛教香文化输入，西亚的阿拉伯帝国的香料贸易，各类香方、制香法融合了进来。东渡日本的鉴真大和尚传播了盛唐的香料辨别法与和合香法，对奈良时代、平安时代日本皇室和贵族阶层用香有着重要影响。

随着科举制度的建立，文士阶层逐步形成，对各类传统艺术发展开始发挥作用，特别是对审美标准的确立渐有决定性影响，香学的发展基础进一步加强。李白（701—762）在《赠宣城赵太守悦》一诗中有“焚香入兰台，起草多芳言”，古时御史府称兰台寺，兰台即御史台，李白以“焚香”和“芳言”喻登庙堂之高。

在《杨叛儿》中有“博山炉中沉香火，双烟一气凌紫霞”，以博山炉这一香炉之祖和珍贵香料代指钟情的双方，借炉烟由婀娜变幻而凝练成一线，表达对爱情的专心致志，想象可谓开阔。

与李白同时期的诗人王维（701—761），其行坐对后世影响更为深远，王维以其辋川别业及辋川诗为士人“隐”的情愫首开先河。据《旧唐书·王维传》记载：“斋中无所有，唯茶铛、药臼、经案、绳床而已。退朝之后，焚香独坐，以禅诵为事。”王维自幼就生长在崇佛的家庭氛围中，安史之乱使其家庭与仕途经历数度变故，于是奉佛入禅、独坐习静成了王维的日常，焚香是每天的功课，正如他在《饭覆釜山僧》和《蓝田山石门精舍》中所吟：“藉草饭松屑，焚香看道书”，“暝宿长林下，焚香卧瑶席”。由于王维在书法、绘画、音乐等方面皆有建树，其艺术思想清净安逸，追求淡泊人生，这种寄情山水、道法自然的人格品性成为人们向往的模范，而香学所具有的净心契道、品评审美、励志翰文、调和身心的特质正切合传统士人的风雅情怀和遗世独立的态度，香学所蕴含的人文意境总能在王维的五言诗中找到源头。

中晚唐是中华美学思想的成熟期，各类艺道在中正、尚法的框架外又发展出新高远、萧散等多彩风格来。这一时期人们开始用香作为一种日常行坐，唐冯贽在《云仙杂记·大雅之文》中记载：“柳宗元（773—819）得韩愈（768—824）所寄诗，先以蔷薇露盥手，熏玉蕤香后发读，曰：‘大雅之文，正当如是。’”柳宗元收到韩愈的新诗，先以花露净手，再焚上一炷香，方才展卷发读。这里除了柳宗元对韩愈的尊敬之外，更有遇好诗文要焚香的个人风雅在里面，大家如果关联到后世黄庭坚收到花光仲仁的墨梅图亦要焚香的事迹，就会发现其中有灵犀相通的地方。好的诗文与名香，上佳的画作与妙香，不同艺术与香之间的意境总是相洽的。

其实在唐代一直有将好香比之美文的传统，或者说好香与美文是相衬的。在唐人笔记《征文玉井》中记载有文学家张说（667—730）的一段趣事：

张说携丽正文章谒友生，时正行宫中媚香，号“化楼台”。友生焚以待说，说出文置香上曰：吾文享是香无忝。

张说有一次带着一篇美文访友，朋友熏烧宫中御香“化楼台”来迎接他。张说闻得此香，自信地觉得此华贵气息正符合自己的文章。不仅文士有这样的熏习，唐宫室亦尚此风，《资治通鉴》记载唐宣宗（810—859）行坐时有：“唐宣宗每得大臣章奏，必盥手焚香，然后读之。”

至晚唐，活动着一位文学大家温庭筠，他是花间词的开山鼻祖。温庭筠多才多艺，除了诗词，在书画、琴箫等方面亦有建树，并且专于鉴赏，这些形成了他独特的人文审美风格。温庭筠对焚香一事非常热衷，并将之歌咏到他的诗词作品中，《博山》就是其中的一首：

博山香重欲成云，锦段机丝妒鄂君。
粉蝶团飞花转影，彩鸳双咏水生纹。
青楼二月春将半，碧瓦千家日未曛。
见说杨朱无限泪，岂能空为路岐分。

博山指博山炉，一种汉唐时期非常流行的香熏炉具，温庭筠借博山炉熏烧出的烟气，以华丽辞藻，铺陈出自己真挚的情感。温庭筠对用香的描写，更多体现在他的花间词里，比如《南歌子》的“懒拂鸳鸯枕，休缝翡翠裙，罗帐罢炉熏”，《更漏子》的“玉炉香，红蜡泪，偏照画堂秋思”，《菩萨蛮》的“夜来皓月才当午，重帘悄悄无人语。深处麝烟长，卧时留薄妆”。其中“炉熏”“玉炉”“麝烟”等描写之多，前无古人，宋代柳永、秦观、李清照等承其衣钵，使得用香诸事渐成为婉约词经典的意象之一。

得益于科举制度，隋唐时期的士人群体逐渐壮大，随之带来中国传统艺术的繁荣。诗是唐代代表性文学艺术，这一领域人才辈出，得到前所未有的开拓，同时，古典诗歌理论和诗歌美学研究亦承前启后，对后世的书画、音乐、园林、曲艺、香学等皆产生深远影响，其中最具代表性的论述为《诗品》，作者是司空图。

司空图（837—908），字表圣，河中郡虞乡（今山西永济）人，晚唐诗人和诗论家。《诗品》是二十四首诗的集合体，司空图将中国传统诗归纳为二十四种风格，即雄浑、冲淡、纤秾、沉着、高古、典雅、洗练、劲健、绮丽、自然、含蓄、豪放、精神、缜密、疏野、清奇、委曲、实境、悲慨、形容、超诣、飘逸、旷达和流动。这是司空图在诗的风格学上的贡献。

司空图的《诗品》，一方面将二十四种诗歌风格归纳且并列，见解通达，肯定诗歌创作者因生活时代、性格倾向、艺术修养和审美趣味等方面的不同，会形成不同的创作风格，这对各类艺术的创作和成长是必要的。另一方面，司空图认为每种艺术风格的形成必定以创作者的思想感情为骨髓，只有“俱道适往”，才能“着手成春”，由内而外的表达，才是创作者“性情所铄，陶染所凝”（刘勰语）。

司空图对诗歌风格的总结，对其他传统艺术的创作亦具有重要的意义。唐代之后香文化的发展，很重要的传承载体就是香方，即制作香品的配方和技法。人们在制作香品的过程中，所谱写的香方就富含私人趣味，所畅想出来的香气一定是前所未闻、独一无二的。这些在香学上被称为“人文”特征的元素，遵循着司空图《诗品》中的美学提点。

五代及宋

清初诗坛盟主王渔洋（1634—1711）有言：“五代时，中原丧乱，文献放厥，惟南唐文物甲于诸邦，而铉、锴兄弟与韩熙载为之冠冕。”韩熙载（902—970）大家比较熟悉，有传世名画《韩熙载夜宴图》记载其事，铉、锴即徐铉（916—991）、徐锴（920—974），是亲兄弟。王渔洋推这三位为“冠冕”，主要是认可他们在南唐与北宋初期的文化衔接过渡上有着不可替代的作用。仅就香学而言，徐铉和韩熙载都具有启蒙者的地位。

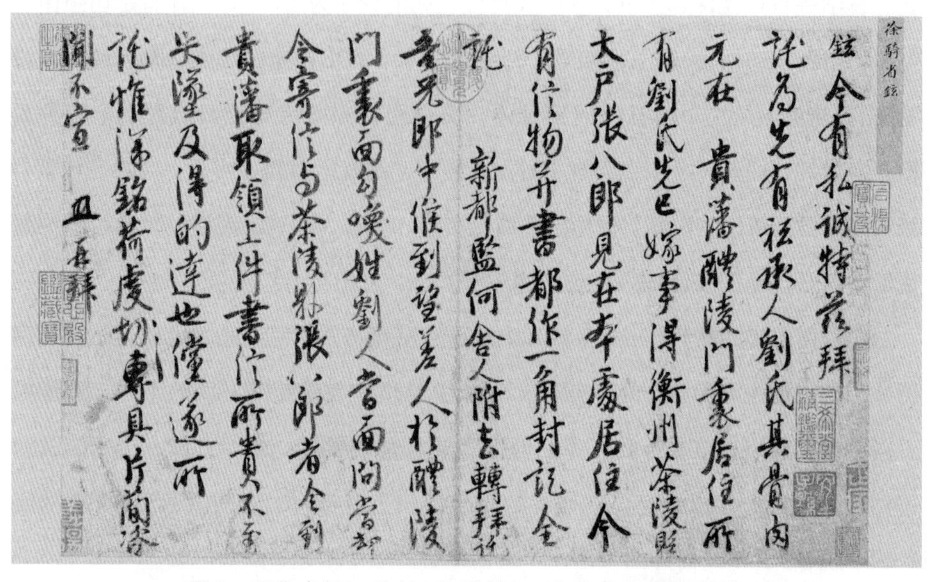

图1　五代宋初　徐铉《私诚帖》　台北故宫博物院藏

徐铉，字鼎臣，号子冉，早年仕于南唐，官至吏部尚书，后随李煜归宋，官至散骑常侍，世称“徐骑省”。徐铉长于书法，所作《私诚帖》现藏于台北故宫博物院，开宋人尚意书风之先河。尚意的审美追求发端于晚唐，徐铉承其脉。作为一代文学家，其爱香用香，亦有“尚意”的风格在。陶穀在《清异录》中记载了徐铉“伴月香”的风雅日常：

> 徐铉或遇月夜，露坐中庭，但爇佳香一炷，其所亲私，别号“伴月香”。

由于陶穀（903—970）和徐铉为同时代人，此记载可信。徐铉月夜焚香，“露坐中庭”，应该是在露天的天井或庭院之中静坐，伴有佳月可赏，焚以一炷清香。

徐铉焚香伴月主要应该是取焚香的意境，不仅仅是香味烟气，更是一种情怀，是空间营造和情志表达。同时“伴月香”为其所“亲私”，即徐铉自己谱写香方并依照香方修制出的香品，这如同后世的昆曲一般，剧本有了文士参与其中，赋予了人文气韵。当时文士无论是谱写香方还是专注制香，都让人惊讶不已，但是香学作为一门嗅觉艺术，已经开始开花结果了，陶穀所记的徐铉“伴月香”，是文士制香的早期记载。

我们知道制香是把众多天然香料按照一定法度合和在一起成为新的香品，又称为“合香”。合香工艺突破了单一香料的使用，要充分考虑到各种香料的自然属性，使不同的香料特点融合不冲，即颜博闻《香史》所记：“合香之法，贵于使众香咸为一体。麝滋而散，挠之使匀。沉实而腴，碎之使和。檀坚而燥，揉之使腻。比其性，等其物，而高下之。如医者之用药，使气味各不相掩。”香学艺术之始，即以传统的和合理念为基础。

“和香”“和合香”特指以传统工艺制作的天然香制品，“合香”指制作香品的流程和工艺。和香对于宋人来讲具有特定的意义，因为单一香料是自然的造物，而和香特别是“亲私”和香，有制香者个人的喜好、素养和境界考量在里面，是已经人文化了的全新作品。这种私房的和香，就如同书画和诗词作品一样，创作者以独特香芬来表达自己对世间万物的理解，是一门嗅觉艺术。在徐铉的影响下，合香开始成为北宋文士学养必修的一项，而“伴月香”如同“荀令香”，成为一个隽永的身份符号。

韩熙载，字叔言，南唐李煜时官至兵部尚书。韩熙载作为文学家，博学高才，“能音妙舞，能书善画”，对于焚香诸事亦很有心得。最为有名的是韩熙载将焚香和赏花相结合并提出“五宜”，陶穀《清异录》记载此说：

> 对花焚香，有风味相和，其妙不可言者：木樨宜龙脑，酴醾宜沉水，兰宜四绝，含笑宜麝，薝葡宜檀。

花有木樨、酴醿、兰、含笑、薝葡，皆为芳香袭人之花，香有五种，分别为龙脑、沉水（结油丰富能入水即沉的沉香）、四绝、麝香、檀香，名香皆列其中。韩熙载的"五宜"之法，是在某种花香的环境里焚烧相应的香料，用适宜的搭配来获得别样的嗅觉体验，是一种和合的理念。比如"木樨宜龙脑"，木樨即桂花，道地产区的桂花香气浓郁而甜腻，作为嗅觉的品赏来说，还达不到士人所追求的清致标准。这时以凉感十足的龙脑来中和，稀释了甜味，增添了凉感，有了这般适宜，所以其中的道理，是"相和其妙不可言者"。只有亲自合香、用香才能有此体悟，这是如黄庭坚等"香痴"才有如此精微有思致的风雅。

徐铉和韩熙载将这些原本属于日常生活的细节提炼出高雅的情趣，并使之成为精微而繁复的典仪雅事，彰显士人对闲适生活和高洁志趣的追求，并且为后世香学发展奠定了基调，焚香正式成为士人清致的象征。香开始与日常的方方面面结合起来，开启了五代到宋元时期人们以烧香、点茶、挂画、插花为主题涵养性情的"四般闲事"。"四般闲事"的闲，似是谈论时间的宽裕，实则强调心境的悠裕。

从屈原到黄庭坚，是清香一脉，千余年矣！黄庭坚以"鼻观"二字，如同造物的点化棒，让人们借着香，进入了一个全新的美学世界。

南宋以降

黄庭坚提出"鼻观"之说，对香学作出在艺道上的提升，使日常的香生活与身心修为结合起来。南宋以降，香学发展一直沿着苏轼、黄庭坚等所确立的审美体系，时间跨越元、明、清，直至近世。

南宋时期，由于远洋航海技术的发达，中国与阿拉伯世界交往顺达，国际香料贸易空前繁荣，此时的海上丝绸之路又被称为"香料之路"。1974年在泉州港南宋沉船发掘中，整理出香料2350余千克，种类包括沉香、檀香、降真香、乳香、龙涎香等制香的主要原料，佐证了南宋香料进口贸易的盛况。香料市场的繁荣推动了香文化的发展，南宋的诗文中存在大量用香事项的描述，人们行坐时终日焚香，赠礼以香，更不用说修道学佛、读书夜坐等庄重或清致场合了。南宋陆游有诗“语君白日飞升法，正在焚香听雨中”，范成大有诗“席帘纸阁护香浓，说有谈空爱烛红”，杨万里有诗“小圃追凉还得热，焚香清坐读唐诗”，尤袤有诗“香销龙象辉金碧，雨过麒麟剥翠苔”，等等，在南宋诗人的世界中，似乎处处留香，清芬烟气渗透于生活的方方面面。

至明代，宣德铜炉横空出世，对香具皮色和款形的鉴赏为香学注入了新的内容。当然，在香学鼎盛的宋代，各个窑口都出有各种风格的陶瓷香熏炉，但就香器的藏鉴来说，当时的金石学家关注更多的主要还是两汉以来青铜材质的博山形香熏炉、兽形香熏炉。到了明代特别是晚明，赏炉正式成为金石收藏界重要内容，众多涉及宣德炉鉴赏的著作从而出现，其盛况类似北宋时期香谱编撰的流行，著名者有《宣德鼎彝谱》八卷、《宣德彝器图谱》二十卷、《宣德彝器谱》三卷等，文人笔记类则更多，比如高濂的《遵生八笺》，刘侗、于奕正的《帝京景物略》，文震亨的《长物志》，宋应星的《天工开物》，等等。除了对宣德铜炉进行研究的各类专著，时人还热衷于吟诵宣德炉，这类作品被称为“宣德炉歌”，在明清之际非常流行，作品存世量不少，影响较大者有两人，其一为明末的冒辟疆（1611—1693），其二为清初的王式丹（1645—1718），前者有《宣德铜炉歌为方坦庵年伯赋》和《宣炉歌注》，后者有《宣德炉歌为周中行作》。至乾隆年间，吴融整理出《烧炉新语》，系统总结了铜炉烧制、皮色养护之法，为文学家袁枚所重。近世承此遗风者为文物鉴赏家王世襄先生（1914—2009），其在所著《自珍集》中，列有十种个人藏品类别，其中第二篇即《铜炉》，可见先生对宣德铜炉的珍视。

就文房香炉器的制作工艺而言，最后的发展成就是清末丁月湖（1829—1879）设计的印香炉。印香炉是用来作印篆香的专用工具。印篆香作为一种用香方式在唐宋时就已经非常流行，适合各种场合使用，自古深受人们喜爱。但完成一炉印篆香，仅就使用的工具就非常繁多：香炉、篆模（香范）、香箸、香匙、灰押、香盒、香粉等，往往材质、风格不一，在日常使用和收纳时多有不便，所以在南宋时有专门从事印篆香服务的职业。丁月湖认为传统的印篆香工具“粗陋不可供幽赏”，于是利用自己在书画上的造诣重新设计印篆香炉。

其实丁月湖不是一位制炉匠人，正如陈鸿寿（1768—1822）并不专于紫砂壶制作却有“曼生十八式”传世。丁月湖擅长书法和绘画，他吸取了汉代以来妆奁、多宝盒的叠加设计元素，将印香炉设计为相叠的多层，分别作为炉盖、炉身、篆香模具、炉底座等几个部分。其中炉身用来贮放印篆香粉，炉身内壁设一周细铜丝可以托住焚香层，焚香层是独立可取的，用来作印焚烧香粉，是香炉的功能，另有一层放置香铲、灰押、篆模等作印工具。这样分合自如的设计，让香炉、工具、香料等用香诸事项聚拢在一器之中，方便取用，不使用的时候也是一体的妆奁式摆件，素简而静雅。丁氏印香炉材质多以白铜、紫铜、黄铜搭配使用。

丁月湖创制印香炉的重要意义在于，他将文房常用的印篆香法的程式仪轨与合香技艺、鉴赏诸法等融合为一。制作一炉印篆香，需要凝神静气，经过理灰、安篆、填粉、起篆、引燃等步骤，一招一式皆需一丝不苟，屏气凝神，完全是一个习静的过程。印香炉所用香粉由多种香料依据香方合和而成，在各类香谱中皆有印篆香方的收录。丁月湖对篆模和炉盖的设计用尽巧思，根据其所著《印香图谱》可知，其设计和整理各类炉盖图、篆模纹样等有一百余款，炉盖设计与篆模并重。丁月湖赋予炉盖和篆模更多的书卷气、趣味性和人生哲理，让人在体验印篆香法的过程中遐想联翩，所谓“竟体皆芳，中肠独热，百转千回，持心惟一”，道尽其中奥义。

南宋以降，香谱类著作亦有集大成者，以宋元之际陈敬的《新纂香谱》和明末周嘉胄的《香乘》最为杰出，当然也有董说的《非烟香法》、王诉《青烟录》等传世，类似南宋赵希鹄《洞天清录》、明初朱权《臞仙神隐》等收罗用香事项的书籍就更不计其数了。明清时期香文化渗透到生活的方方面面，陈设、器赏、雅集、构园等，无不与香关联，此时焚香是作为一种东方生活方式存在了。

“香痴”者，黄庭坚之后不乏其人，他们是“鼻观”之学的践行者，其中以元代倪瓒和明清之际的董说最为著名。

倪瓒

倪瓒（1301—1374），原名倪珽，字元镇，号云林，元代常州府无锡县梅里祗陀村人。倪瓒以诗、书、画之绝闻名于大江南北，和当时的黄公望、王蒙、吴镇齐名于世，并称为“四大家”。倪瓒的绘画艺术素以平远山水、古朴天真、有意无意、若淡若疏，构成一种特殊的意境，“江南人家以有无为清浊”，可见其风格，同时倪瓒在藏鉴、构园诸方面亦有建树。

在元至顺四年前后倪瓒营造了一处私家园林，根据文献记载，此园包含云林堂、逍闲仙亭、朱阳宾馆、雪鹤洞、海岳翁书画轩、清閟阁等，其中清閟阁是整个园林的中心，“位扼形势，总揽胜状”，“巨丽而虚朗，幽邃而轩豁”。同为无锡人的明代学者邵宝在其《倪云林像赞》中，记述倪云林生平行坐时概括为“读画焚香，赏奇嗜古”，可见倪瓒对香事的热衷。

与倪瓒相往来的友人多有描写清閟阁的诗文，其中陈方写有《题清閟阁两首》，其一为：

门前灌木春啼鸟，屋畔长松夜宿云。
剪得蒲苗青似发，烧残香篆白成文。
偶同杜老惟耽句，遂讶颜渊不茹荤。
境胜固应天所惜，品题潇洒最怜君。

陈方诗中对清閟阁的胜境有几处描写，一是入云古松，二是精心养护的菖蒲草，三为香炉中焚烬的印篆香灰。长松彰显高古意境，似发菖蒲提点出清雅行坐，一炉印篆香则是主人熏习雅尚。这里的“香篆”是指宋元时期风尚的用香方法印篆香，以篆模为范，用香粉填实镂空篆文，提取篆模后点燃成形的香粉。印篆香除了礼佛、计时等功能外，更多被用来芳香空间、调节气氛，特别是五代以后，其增添了更多的生活美化的意涵，为宋元时期的文士所喜爱。印篆香一个特点是发香时间长，对于爱香的倪瓒来说，清閟阁一定是香云缭绕的。

清閟阁远近闻名，甚至《无锡县志》有“其名至外国使臣皆知之”的记载。由于倪瓒爱香为大家所了解，所以有想一睹清閟阁风采的人皆以香为手信，似乎为了投其所好。在张瑞初的《西神遗事》之《书画大家倪瓒》中有这样的描写：

> 高丽使者闻瓒名，操龙涎香百斤为贽，第求一至瑶阁，不许。

类似逸事早在明代顾元庆所撰写的《云林遗事》之《高逸》篇中就有记载：

> 云林有清閟阁、云林堂。清閟阁尤胜，客非佳流不得入。尝有夷人道经无锡，闻瓒名，欲见之，以沉香百斤为贽。绐云：“适往惠山。”翌日载至，又云：“出探梅花。”夷人以倾慕不得一见，徘徊其家。瓒密令人开云林堂，使登焉。堂前植碧梧，四周立奇石，东设古玉器，西设古鼎、尊罍、法书、名画。夷人方惊顾间，谓其家人曰：“闻有清閟阁，能一观否？”家人曰：“此阁非人所易入，且吾主已出，不可得也。”其人望阁再拜而去。

这两则笔记演绎的是同一个故事。一方面说明倪瓒对清閟阁很是重视，非

“佳流”不邀请，如同自己的斋房静室，多为用来收藏书画、鼎彝等珍稀古器物并吟诗作画的一处所在。另一方面反映了倪瓒对香的热爱以至“痴”的程度，自然对“龙涎香”“沉香”等香品非常重视，无论是“高丽使者”还是“夷人”，都以贵重香品为见面之礼，所以倪瓒才会一改“白眼视俗物，清言屈时英”的做派，皆因爱香、痴香的缘故。

在元末，江南有两位文士雅好交游，一是倪瓒，一是顾瑛。他们是当时江南地区“富且风雅”的代表人物，同时他们还是远亲，顾瑛（1310—1369）在《草堂雅集》卷六中如此介绍倪瓒：“倪瓒，字元镇，毗陵人。酷好读书，尊师重友，操履修洁。家有云林隐居，与予（顾瑛）有葭莩之亲。”元末江南地区的文士雅集基本由他二人主导，只是“不与俗人交”的倪瓒主持的雅集风格略有不同，“今之名卿大夫、高人韵士与夫仙人、释氏之流尽一时之选者，莫不与之游。”作为两宋雅集文化的延续，香自然是其中的第一要素，并融合在听曲、挂画、赏古等活动中，顾瑛和倪瓒推动了香学在元代的传承与发展。

倪瓒在与众友的往来交往中，亦多涉及香，从尺牍《与介石》可窥一斑。这里的介石为韩友直，字泊清，号介石，又号静退老人，钱塘人，后至元间任平江财赋副提举。韩友直与倪瓒交谊颇深，倪瓒写有《寄韩泊清》《寄韩介石》等诗相和。倪瓒在写给韩友直的书信中多有提及用香事项，列出几则如下：

（其一）

瓒经宿不面，旦来想惟履候胜常。心远铄师有一二种物留允同处，不幸折足倒地，将欲弃之矣。斋阁下有沉香求一两许，不必入药用者。如允同前大片之类，劈取少许亦不妨。不可则已，不求也。小子物在手者，随以与人不较，随以需索，亦不论钱价大小；及不在手则无可奈何，非若他人靳惜其微而不较其大也，呵呵！

（其二）

瓒再拜，忽然卧病江渚，将复兼旬，借庇虽已获安，气犹未复耳。因偶出，行李中乏香烧用，高斋杂香零碎者求少许烧，置卧内以净秽气。由是求恳，倘无则已，不须芥蒂也。谨咨启，不具。倘令婿归，为告郑重意。

（其三）

瓒适往候谒，值从者不在而还。近乏墨用，寓所必剩有义兴墨，分惠一挺，不可则已。去年往寓所，欲爇小饼吴洁香作供，想已忘之。一笑。

在倪瓒给韩友直的这三封书信中，提到了“沉香”“入用药者”“大片”“杂香”“吴洁香”等香料与香品，除了“吴洁香”应是和香制品外，其他都是沉香原材的等级。根据以上几则信札信息，此时倪瓒应该已变卖了家产，浪迹江湖了。但对有洁癖又喜香的倪瓒来说，他是一刻也离不开袅袅青烟和氤氲香气的。沉香是宋元时期文士最喜欢的香料之一，其韵味清致，香气绵长，非常切合静雅的精神追求。同时沉香得到苏轼、黄庭坚等名士推崇，所以后世的人们用香、制香诸事皆首选沉香。当然沉香既可在合香中使用，也可用作中药材，倪瓒是想通过焚香来祛除秽气，利于自己身体康复。“吴洁香”当是用多种香料按照一定法度合和而成的香品。联系前后文可知，韩友直应该对用香很是讲究，常备有多种香料、香品。韩友直和倪瓒亦是香学上的知己。

香对于倪瓒来说是如影随形，操琴、静坐、雅集、读书、听雨，一刻离不开香，正如其在《题画竹七首》第七首中言：“逸笔纵横意到成，烧香弄翰了余生。窗前竹树依苔石，寒雨萧条待晚晴。”“烧香”与“弄翰”成了倪瓒生活中交融在一起的两件事。其实以焚香来营造意境，激发创作灵感，进而成就自己艺术创作的人历史上不在少数，远者有北宋墨梅的创始者花光仲仁，“老僧画时，必先焚香默坐，禅定意静，就一扫而成”。近者有国画大师齐白石，无论观画、作画皆用香，他的题画就有“心闲气静一挥”之语。倪瓒在《题张元播扇》中写有“听雨楼中暑自凉，闲停笔砚静焚香。君来为煮嵇山茗，自洗冰瓯仔细尝”，“闲停笔砚”之后，行以“静焚香”，这正是倪瓒在香芬中获取闲适心境的日常。

倪瓒不仅以香弄翰，他的诗文中常以香来寄托友情，在《雨中寄孟集》中有“烧香对长松，相与成宾主”，在《次韵张怀外史》中有“焚香坐幽谷，濯缨向清泉”，在《寄张外史》中有“烧香庭竹净，洗研池苔滑”，在《寄王成夫》中有“茂深闭阁独焚香，哪识穷愁客异乡”，在《寄郯九城》中有“几格香材倘持寄，熏炉茶鼎乐渔蓑”，在《西野对雨有怀明本、彦准，并呈道益》中有“便须扫地焚香坐，岂有高人载酒过”，在《赠范婿》中有“帘旌不动香如雾，砚席生凉雨散丝”，等等。香的元素在倪瓒的诗中成为一种意象、一种符号，是自己生活的精炼处。

香是诸友往来切磋的重要内容，他们以香净心契道、品评审美、励志翰文、调和身心，比如倪瓒在《玄文馆读书》中有相关记载。他的朋友在无锡城东辟静舍，名为玄文馆，倪瓒在元至顺壬申岁六月寓居此间，谢绝尘事，终日与古书、鼎彝相对，形忘道接，翛然自得，乃赋诗记此事，诗中有“焚香破幽寂，饮水聊舒徐。潜心观道妙，讽咏古人书”之句。在《郑德明新居》中亦有用香描写：“僦居吴市仍栽竹，挂榻高斋独待余。风引香烟金鹊尾，雨添书水玉蟾蜍。”诗中的“金鹊尾”就是涂金或镀金的鹊尾炉，一种可以在行走中手执使用的香炉，唐代时就在佛事中非常盛行，后来被文士应用到燕居生活中。

《周易·系辞上》有：“二人同心，其利断金；同心之言，其臭如兰。”唐代刘知几在《史通·六家》中亦有：“至两汉已还，则全录当时纪传，而上下通达，臭味相依。”对于倪瓒来说，爱香与否决定他待人接物的态度，这共同的“香癖”，知音的寻觅，就是中国香文化以及香学在不同时代生生不息的源泉。

董说

董说（1620—1686），字若雨，号西庵，明末清初人。他一生著作达一百余种，涉及小说、诗文、佛教、音律、天文、医学、香学等众多方面。董说受后世关注，主要是由于其所著的小说《西游补》，鲁迅先生在《中国小说史略》中评价此书为："其造事遣辞，则丰赡多姿，恍忽善幻，奇突之处，时足惊人，间似俳谐，亦常俊绝，殊非同时作手所敢望也。"此书是中国最早的超现实主义小说，被誉为世界上第一本意识流小说。

就香学而言，董说有《非烟香法》一书传世。董说为乌程人，乌程即今天的湖州，所处时代和生活环境与明末香学家周嘉胄相近。如果说周嘉胄编撰《香乘》是集中国香文化发展之大成，那么董说则另辟蹊径，研究出独特的"非烟香法"，是明清之际中国香文化繁荣的硕果。

根据董说在《丰草庵前集自序》所记："著《运气定论》《非烟香法》，则辛卯之书也。"此辛卯年为公元1651年，董说刚刚而立，可见其早年便对香文化报以热忱。《非烟香法》虽然只有一卷，却深受后世推崇，比较有影响的，首先是清代文学家张潮在编修《昭代丛书》时全卷录入，其次是近代黄宾虹和邓实合编《美术丛书》时亦将此书收录。

根据张潮《昭代丛书》之别集第六十卷所录，《非烟香法》主要由《非烟香记》《博山炉变》《众香评》《香医》《众香变》《非烟铢两》等章节组成。董说非烟香法采用的是"蒸"的手法，所选香料基本为常见草本和树脂类，其香法为：

> 蒸香之鬲，高一寸二分，六分其鬲之高，以其一为之足，倍其足之高，以为耳。三足双耳，银薄如纸。使鬲坐烈火，滴水平盈，其声如洪波急涛，或如笙簧。以香屑投之，游气清冷，氤氲

太元，沉默简远，历落自然，藏神纳用，销煤灭烟，故名其香曰“非烟之香”，其鼎曰“非烟之鼎”，然所以遣恒香也。

董说蒸香所用炉器为银质小炉，炉形为三足双耳鬲式，使用时将炉置烈火上，使炉中注满水，待水沸开时投入香屑出香。以现代科学来解释，“非烟香法”其实就是利用高温蒸出香料里的芳香油脂，品闻的是带有芳香油的蒸气，这种方法一方面使得香味纯净，另一方面避免了香料焚烧时的炭火味和烟气，即“销煤灭烟”。宋代流行的隔火熏香的方法其实也是同样的出香目的，所谓“微参鼻观犹疑似，全在炉烟未发时”，只是隔火香熏法所品闻的一般是和香。

作为一位鉴赏家，董说在《众香评》中将各种常用香料的品评提升到审美的角度，这不同于黄庭坚对和合香的鉴赏，这在明代以前是从未有过的。单品香料极少作为传统香学的鉴赏课题，因为天然香料缺少创作理念的阐发，但董说以通感的方式来解读，对于合香之法和香学功课还是有值得借鉴之处。

在董说的品评世界里，有的香料气韵如同诗文作品的风格，比如“蒸梅花如读郦道元《水经注》，笔墨去人都远”，“蒸蔷薇如读秦少游小词，艳而柔”，“蒸水仙如宋四灵诗，冷绝矣”。蒸梅花所散发的气息如入《水经注》的远境，蔷薇的芬芳则是秦观词所蕴含的婉约风，蒸水仙能够带来永嘉四灵所具有的闲淡灵动、野趣盎然。有的香料蒸来有如书画所呈现的意境，“蒸兰花如展荆蛮民画轴，落落穆穆，自然高绝”，“蒸芍药香味懒静，昔见周昉《倦绣图》，宛转近似”。蒸兰花所嗅得的芬芳有倪瓒的笔墨意蕴，画法疏简，格调天真闲远，芍药香气淡雅，如周昉笔法。而“蒸菊如踏落叶入古寺，萧索霜严”，“蒸橘叶如登秋山望远”，“蒸薄荷如孤舟秋渡，萧萧闻雁南飞，清绝而凄怆”，等等，又是身临其境，各有千秋。甚至不同的香料与音乐相衬，“蒸橄榄如遇雷氏古琴，不能评其价”，“蒸茗叶如咏唐人，曲终人不见，江上数峰青”。最难得的是董说利用感知的天马行空，却又不离御马缰绳，言之有物。“非烟香法”使人如身在特定的时空里，一缕天然气息所带来的审美意境，甚是广博。所谓六根互用，在董说的非烟香法中发挥得淋漓尽致。

在董说的几上烟云里，不仅仅有香氛，更有风情万种的大千世界。他在《博山炉变》中归纳出香的“德、品、用、体”：香以静默为德，以简远为品，以飘扬为用，以沉着为体。例如“以飘扬为用”，称佳的出香体验应该“回环而不欲其滞，缓适而不欲其漫，清癯而不欲其枯，飞动而不欲其燥”。前人包括周嘉胄对传统香文化的推动，主要依据的是和香的工艺，通过塑造全新的香氛来表达思想、展示特质，而董说主要通过蒸的方法得到纯净的富含芳香油脂的清新蒸气。尽管在《非烟香法》中亦有和香，但董说主要是品鉴天然的香料，甚至对不同的香料在蒸用时区别对待：“若遇奇香异等，必有蒸香之格，格以铜丝交错为窗爻状，裁足羃鬲，水泛鬲中，引气转静。若香材旷绝上上，又撤格而用篁蒸香。篁式密织铜丝如篁，方二寸许，约束热性，汤不沸扬，香尤杳冥清微矣！”一般的香料，直接投入炉内的沸水中，“奇香异等”则要加如窗棂网格，对于“旷绝上上”的香料，则需在炉上陈设铜丝密织而成的篁子。

董说作为明代遗民，他的身份既是文士亦为僧人，所以在香料选择上常用富有山林气息的松针、柏子、杉皮等，在董说的《丰草庵诗集》中，有很多相关诗文记述。在诗集第二卷《采杉编》中有《采杉曲》《付樵僮》《漫兴十首》《丰草庵新声》等涉及“采杉”的描写。在《采杉曲》题首有“余出新意，采杉肤杂松叶焚之，拂拂有清气”，杉肤即杉木（刺杉）的树皮，松叶即松针叶。杉皮是一种中药药材，具有祛风止痛、燥湿、止血等功用，香气馥郁，中医有用焚杉皮来疗疾之传统。松针的药用价值也很高，是松树药用的最佳部位，具有祛风活血、明目、安神、解毒等功用。董说将杉皮与松针合用焚烧，以取“清气”。正是由于对“杉烟”的喜爱，甚至痴迷，董说甚至卖田来购船用以采香，在《丰草庵新声》有：

卖得针秧屋后田，采香船是买画船。

谁人解爱杉烟鼎，还许同参丰草禅。

柏子也是董说常用的香料之一，在《丰草庵诗集》第一卷《漫歌》第二首有："选佛场归独闭门，一炉柏子老渔村。"董说在《众香评》中认为"蒸柏子，如昆仑玄圃，飞天仙人境界也"。柏子的清香自古即得到推崇，苏东坡有"铜炉烧柏子，石鼎煮山药。一杯赏月露，万象纷酬酢"。柏子除了具有清致的香气，作为药材来讲，还有养心气、益智宁神的作用。柏子作为香料最大的特点是取用随意，炮制方便。柏树全国都有种植，主要采摘自圆柏树或侧柏树，成熟的圆柏树子大小如同古法香丸。柏子修制法为：秋季采摘新柏子后，用沸水冲烫，沥干后铺在竹筛中，于通风处晾干。干透的圆柏子用密封性的容器储存，随时取用，存放半年以上，已是来年，清致韵味更佳。侧柏子由于炮制后会开裂，一般制粗粒后经酒浸炮制，阴干后上炉隔火熏闻，亦是绝妙。

董说用香有其天才，正如鲁迅评价其作品所说的"丰赡多姿，恍忽善幻，奇突之处，时足惊人"。

《红楼梦》

《红楼梦》是一部全面展现中国古代社会世态百相的名著，是中国传统文化记述的集大成者。《红楼梦》对中国香文化的涉猎是全方位的，对各种用香场景的描写和传统士族用香生活方式的记载甚为详尽，本书可以说是中国两千年香文化发展成熟后的全景舞台展现，就文学作品来说，《楚辞》正式开启了"香草美人"的人文传统，《红楼梦》则是演绎了"书香门第"的千年风雅。

依据一百二十回本《红楼梦》，前八十回对用香的描绘与后四十回风格差异较大。前八十回都是以人物的切身体验为主，香融入生活中，字里行间能让读者感受到香的趣味，这也是传统香生活的写真；后四十回则以场景式来写涉香事项，类似木刻版画的呈现效果，终究缺少生活气息。

闻香识佳人，《红楼梦》中对场景的首次介绍或人物的初次形象描写，往往先从角色的嗅觉体验入手，如身临其境。比如第五回有：

> 说着，大家来至秦氏房中。刚至房门，便有一股细细的甜香袭了人来。宝玉便觉得眼饧骨软，连说："好香！"
>
> 入房向壁上看时，有唐伯虎画的《海棠春睡图》，两边有宋学士秦太虚写的一副对联，其联云：嫩寒锁梦因春冷，芳气笼人是酒香。
>
> ……
>
> 说毕，携了宝玉入室。但闻一缕幽香，竟不知所焚何物，宝玉遂不禁相问。警幻冷笑道："此香尘世中既无，尔何能知？此香乃系诸名山胜境内初生异卉之精，合各种宝林珠树之油所制，名为群芳髓。"

第六回又有：

> 上了正房台矶，小丫头子打起了猩红毡帘，才入堂屋，只闻一阵香扑了脸来，竟不辨是何气味，（刘姥姥）身子如在云端里一般。

中国传统居室空间的芳香清洁基本依靠香熏来实现。由于长期使用香品，香型基本固定，又有帘帷与门外相隔，室内往往保持着馥郁气息，同时殷实之家不同房间香型有别。《红楼梦》如此描绘正体现了作者文思的细腻处，所谓先声夺人，未见其人，先闻其声，香亦如是。又如第二十六回写道：

宝玉信步走入，只见湘帘垂地，悄无人声。走至窗前，觉得一缕幽香从碧纱窗中暗暗透出。

如此这般的场景描写非常多，无论是贾宝玉还是刘姥姥，在描写他们进入新的空间的时候，首先是来自鼻息的感知，而芳香正是代表着空间的高贵与精致。除了对场所以香来别识，对人物的了解也是从香气的差异来铺陈。《红楼梦》第八回和第十九回对薛宝钗和林黛玉各自所散发香气的描写截然不同。

第八回：

（宝玉）此时与宝钗相（就）近，只闻一阵阵凉森森、甜甜的幽香，竟不知系何气味。遂问："姐姐熏的是什么香？我竟从未闻见过这味儿。"宝钗笑道："我最怕熏香，好好的衣服，熏得烟燎火气的。"宝玉道："既如此，这是什么香？"宝钗想了一想，笑道："是了，是我早起吃了丸药（冷香丸）的香气。"

第十九回：

宝玉总未听见这些话，只闻得一股幽香，却是从黛玉袖中发出，闻之令人醉魂酥骨。宝玉一把便将黛玉的袖子拉住，要瞧笼着何物。黛玉笑道："冬寒十月，谁带什么香呢？"宝玉笑道："既然如此，这香是从那里来的？"黛玉道："连我也不知道，想必是柜子里头的香气，衣服上熏染的也未可知。"宝玉摇头道："未必，这香的气味奇怪，不是那些香饼子、香毬子、香袋子的香。"

贾宝玉通过感知衣香来了解薛宝钗和林黛玉，从中可见宝玉对二人心理距离的远近。薛宝钗的香气是“凉森森、甜甜的幽香”，而林黛玉虽然也是“闻得一股幽香”，但“闻之令人醉魂酥骨”，心理距离不同。所谓气味相投，那种彼此间的欣赏和默契程度往往从各自散发的衣香、体香中找到答案。作者以香的语言来刻画彼此间的心理细节，于生活的寻常处提点出情感的起伏，越品越有味道，这就是《红楼梦》的魅力所在。

同时，薛宝钗不喜欢香熏衣服，认为是“好好的衣服，熏得烟燎火气的”。林黛玉则会熏衣——“想必是柜子里的香气，衣服上熏染的也未可知”，但对熏衣也不是太热衷，在第六十四回有这样的描写：

> 雪雁方说：“我们姑娘这两日方觉身上好些了。今日饭后，三姑娘会着要瞧二奶奶去，姑娘也没去。又不知道想起了什么来，自己伤感了一回，提笔写了好些，不知是诗阿词阿。叫我拿瓜果去时，又听得叫紫鹃将屋内摆着的小琴桌上的陈设搬了下来，将桌子挪在外间当地，又叫将那龙文鼒放在桌上，等瓜果来时听用。若说是请人呢，不犯先忙着把个炉摆出来，若说是点香呢，我们姑娘素日屋内除摆新鲜花果木瓜之类，又不大喜熏衣服，就是点香，亦当点在常坐卧之处。难道是老婆子们把屋子熏臭了，要拿香熏熏不成？究竟连我也不知何故。”

通过雪雁的言语，我们基本可以了解林黛玉日常用香的情况。文中“龙文鼒”是一种款型为小口的鼎式香炉，为林黛玉日常焚香之器。林黛玉“就是点香，亦当点在常坐卧之处”，坐卧之处即她日常起居的潇湘馆，对于“两三房舍”的潇湘馆，贾宝玉早有题诗“迸砌妨阶水，穿帘碍鼎香”，正切合黛玉习性。平时黛玉的起居处多“摆新鲜花果木瓜之类”，喜好天然淡雅的香气。对薛宝钗和林黛玉来说，由于年岁尚小，不喜浓郁的香气，“又不大喜熏衣服”“熏得烟燎火气的”，这与成年成家的王熙凤的日常用香是有很大不同的。第十三回有：

> 这日夜间，正和平儿灯下拥炉倦绣，早命浓薰绣被，二人睡下，屈指算行程该到何处，不知不觉已交三鼓。

其中“拥炉倦绣”的炉是手炉，暖手爇香用的，“浓薰绣被”，则是有两千余年历史的中国起居香熏传统，直至清末，是精致生活的一项日常。熏被的基本器具是香炉、炉承和熏笼，熏被所用的香多为特制的和香，由多种不同香料依据香方制作而成，在唐代医书中就有众多熏衣方的收录。“浓薰”是王熙凤喜欢浓郁的香气，这是王熙凤与林、薛两位待字闺中的女性喜好的差异，另一方面也说明每个人的用香习惯随着环境变化而变化，特别是对所用香品的选择，有个人喜好、家庭环境、社会风尚等诸多因素的影响。

香在大观园，看似是一种闲适和浪漫的象征，其实背后有成熟而严谨的法度仪轨，往往以“炉瓶”“炉瓶三事”“匙箸香盒”“香几”等方式陈设。比如第三回：

> 原来王夫人时常居坐宴息，亦不在正室，只在这正室东边的三间耳房内。于是老嬷嬷引黛玉进东房门来。临窗大炕上铺着猩红洋罽，正面设着大红金钱蟒靠背，石青金钱蟒引枕，秋香色金钱蟒大条褥。两边设一对梅花式洋漆小几。左边几上文王鼎匙箸香盒，右边几上汝窑美人觚内插着时鲜花卉，并茗碗、唾壶等物。

王夫人的坐息处在正厅的耳房里，临窗是炕榻，两边列一对漆几，为梅花式样，一般称呼为“香几”或“花几”。香几是专门用来摆放日用香器，与书柜、博古架等作收藏和鉴赏之用是有区别的。香几上一般只有香炉、香盒、香箸瓶等焚香专用器具，即炉瓶盒组，不与其他日用器相杂，最多会配一只花瓶衬景。王夫人房间的几上陈设“文王鼎”“匙箸”“香盒”等，非常齐备，这里“匙箸”应为箸瓶，用来插放香箸、香匙等出香工具。这是日常用香的器具陈设，在《红楼梦》中有多个场景是宴席用香，非常有特色。第四十回：

> 这里凤姐儿已带着人摆设齐整，上面左右两张榻，榻上都铺着锦裀蓉簟，每一榻前有两张雕漆几，也有海棠式的，也有梅花式的，也有荷叶式的，也有葵花式的，也有方的，也有圆的，其式不一。一个上面放着炉瓶，一分攒盒；一个上面空设着，预备放人所喜食物。上面二榻四几，是贾母、薛姨妈；下面一椅两几，是王夫人，余者都是一椅一几。

第五十三回又记：

> 这边贾母花厅之上摆了十来席，每一席旁边设一几，几上设炉瓶三事，焚着御赐百合宫香，又有八寸来长，四五寸宽，二三寸高的点缀着山石布满青苔的小盆景，俱是新鲜花卉。……

榻下并不摆席面，只有一张高几，设着高架璎珞、花瓶、香炉等物。

这里的香器陈设不是日常之用，而是专用于宴会、酒席，讲究时一席配置一张香几、一套“炉瓶”或“炉瓶三事”，有的交代焚的是“御赐百合宫香”。可见在宴席等正规场合中使用如此多套的香器时，香几款式也不要求相同，有海棠式、梅花式、荷叶式、葵花式等多种形制，但所焚的香品应该是一致的，即一个

图2　清　青白玉雕直纹炉瓶盒组　台北故宫博物院藏

图3　清　乾隆铜胎画珐琅黄地番莲纹炉瓶盒组(附收藏盒)　台北故宫博物院藏

空间用同样香韵和功用的香。在宴请场合大量用香，主要是营造出氛围来，有的是为了醒酒清神，这类的香品制作有专门的香方。

在清初叶梦珠所编的笔记《阅世编》卷九有“宴会”章节，有类似的史料记载，正与《红楼梦》宴会用香相呼应：“近来吴中开卓，以水果高装徒设而不用，若在戏酌，反掩观剧，今竟撤去，并不陈设卓上，惟列雕漆小屏如旧，中间水果之处用小几高四五寸，长尺许，广如其高，或竹梨、紫檀之属，或漆竹、木为之，上陈小铜香炉，旁列香盒箸瓶，值筵者时添香火，四座皆然，薰香四达，水陆果品俱陈于添案，既省高果，复便观览，未始不雅也。”

无论是居室陈列还是宴会接待，香器都是依法度放置在香几上，尽管香几的造型、款式不一。香几是宋元明清各个时期生活用香的标配，是中国传统用香的常规家具，《红楼梦》中焚香作为空间营造和气氛调节的功能是主要的。

香品的形态多样，除了焚烧出香使用外，很大一部分是用来佩戴，常温下即可散发香气，具有手信、礼赠等功能。第十五回：

> 水溶又将腕上一串念珠卸了下来，递与宝玉道：“今日初会，仓促竟无敬贺之物，此系前日圣上亲赐蓉苓香念珠一串，权为敬贺之礼。”

第十八回：

> 太监听了，下来一一发放。原来贾母的是金玉如意各一柄，沉香拐杖一根，伽楠念珠一串……

第二十四回：

原来卜世仁现开香料铺，方才从铺子里来，忽见贾芸进来，彼此见过了，因问他这早晚什么事跑了来。贾芸道：“有件事求舅舅帮衬帮衬。我现有一件要紧的事，用些冰片、麝香使用，好歹舅舅每样赊四两给我，八月里按数送了银子来。”

第二十八回：

说着命小丫头来，将昨日所赐之物取了出来，只见上等宫扇两柄，红麝香珠两串，凤尾罗两端，芙蓉簟一领。

第六十七回：

薛蟠笑着道：“那一箱是给妹妹带的。”亲自来开。母女二人看时，却是些笔、墨、纸、砚、各色笺纸、香袋、香珠、扇子、扇坠、花粉、胭脂等物……

第七十一回：

元春又命太监送出金寿星一尊，沉香拐一支，伽楠珠一串，福寿香一盒，金锭一对，银锭四对，彩缎十二匹，玉杯四只。

早有人将备用礼物打点出五分来：金玉戒指各五个，腕香珠五串。南安太妃道：“你姊妹们别笑话，留着赏丫头们罢。”五人忙谢过。

第七十四回：

> 便看那帖子是大红双喜笺帖，上面写道："……再（司棋）所赐香袋两个，今已查收外，特寄香珠一串，略表我心，千万收好。表弟潘又安拜具。"

书中此类描写，不胜枚举。

从以上罗列可见，和香手串与香木手串是非常常见的往来赠品，有"蕶苓香念珠""伽楠念珠""红麝香珠""香珠""伽楠珠""腕香珠"等，其中"蕶苓香念珠""红麝香珠""香珠""腕香珠"之类多为和香珠，即由多种香料依照香方合和并脱模制成各式佩件，往往具有特定的香身、辟疫、驱虫、避暑、醒神等功能。而"伽楠念珠""伽楠珠"则是由沉香中的高等级者伽楠雕刻而成，伽楠为稀世珍木，做成珠串则更贵重无比，无论是"伽楠念珠"还是"伽楠珠"，皆是贾元春作为贵妃的宫廷赏赐品，非同小可。无论是哪一种制作方式，和香手串和香木手串的用途是作为见面礼、节贺礼以及爱情信物在使用。当然香料也可以做成各种实用品，比如以沉香木做成"沉香拐杖"。即使是基础的香料，因为稀有，在贾府中也是稀罕物，比如贾芸以"冰片（龙脑）、麝香"作为见面礼物拜见王熙凤。

作为日常用香的主要香品，以熏烧的线香、香饼为主角，这是与人们的行坐作息紧密联系在一起的。《红楼梦》对香品的描写都是通过故事情节来呈现其用途，可以说是香谱类著述的难得补充。第十九回：

> （袭人）用自己的脚炉垫了脚，向荷包内取出两个梅花香饼儿来，又将自己的手炉掀开焚上，仍盖好，放与宝玉怀内，然后将自己的茶杯斟了茶，送与宝玉。

图4　清　伽楠香木手串　台北故宫博物院藏

第三十七回：

迎春又令丫鬟炷了一支“梦甜香”。原来这“梦甜香”只有三寸来长，有灯草粗细，以其易烬，故以烬为限，如香烬未成便要罚。

第四十一回：

袭人恐惊动了人，被宝玉知道了，只向他摇手，不叫他说话。忙将当地大鼎内贮了三四把百合香，仍用罩子罩上。

第五十一回：

说话之间，天色已二更，麝月早已放下帘幔，移灯炷香，服侍宝玉卧下，二人方睡。晴雯自在熏笼上，麝月便在暖阁的外边。

……

（麝月）说着又将火盆上的铜罩揭起，拿灰锹重将熟炭埋了一埋，拈了两块素香来放在火盆内，仍旧罩了，至屏后重剔了灯，方才睡下。

第五十三回：

众人围随同至贾母正室之中，亦是锦裀绣屏，焕然一新。当地火盆内焚着松柏香、百合草。

第八十回：

茗烟道："我们爷不吃你的茶，连这屋里坐着还嫌膏药气息呢。"王一贴笑道："没当家花花的，膏药从不拿进这屋里来的，知道哥儿今日必来，头三五天就拿香熏了又熏的。"

……

宝玉命李贵等："你们且出去散散，这屋里人多，越发蒸臭了。"李贵等听说，且都出去自便，只留下茗烟一人，这茗烟手内点着了一支梦甜香。宝玉命他坐在身旁，却倚在他身上。

焚烧的香品，无论是"梅花香饼"还是"梦甜香""百合香""福寿香""素香"，主要的作用是芳香空间，调息养静。其中"梦甜香"是特制的，"只有三寸来长，有灯草粗细"，一来可以计时，二来便于随身携带，应该是大观园中常用的香品之一，此香功能在芳香之外，应该具有醒神和辟疫的作用。

一般的概念中，香品焚烧是在香炉里，其实在《红楼梦》中却不拘于此，使用范围之广突破想象。比如在手炉里爇烧"梅花香饼"，房间内的"当地大鼎"内烧"百合香"，"火盆"内烧"素香"，"当地火盆"内烧"松柏香、百合草"等，似乎只要有炭火的地方，都需要辅助以香品，以芳香和美化空间，在用传统方式御寒取暖之时，以香锦上添花，凸显生活的精细。

《红楼梦》通过贾宝玉的言语阐述了香的要义。第五十八回：

宝玉道："以后断不可烧纸钱。这纸钱原是后人异端，不是孔子的遗训。以后逢时按节，只备一个炉，到日随便焚香，一心虔诚，就可感格了。愚人原不知，无论神佛死人，必要分出等例，各式各例的。殊不知只一诚信二字为主。即值仓皇流离之日，虽连香亦无，随便有土有草，只以洁净，便可为祭。不独死者享祭，便是鬼神皆是来享的。你瞧瞧我那案上，只设一个炉，不论日期，时常焚香，他们皆不知缘故，我心里却各有所因。随便有新茶便供一盅茶，有新水就供一盏水，或有鲜花，或有鲜果，甚至于荤羹腥菜，只要心诚意洁，便是佛爷也都可以来享。”

在宝玉的话语里，尘世间只要洁净的都是美的、香的，即使是不同的香，也各有各的妙处，没有高低，没有贵贱，即佛家的“无分别心”。

《红楼梦》对香熏文化的着重落笔，从嗅觉上感知中国传统生活方式，将黄庭坚所撰之《香之十德》演绎得淋漓尽致。《红楼梦》约成书于乾隆年间，其所描绘的用香生活则为明末清初，此时正值传统香学在两宋之后又一高峰期，展现了中华文明尽精微而致广大的一面。

第二章

香之醒

第二章

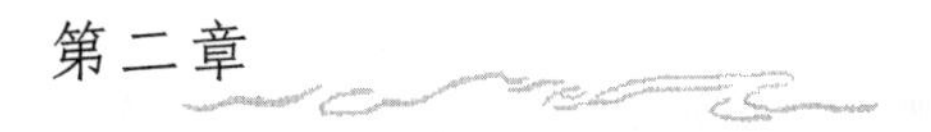

香之醒

《黄帝内经》云："治之以兰，除陈气也。"《本草纲目》则谓："土爱暖而喜芳……甘松芳香，甚开脾郁，少加脾胃药中，甚醒脾气。"清末词学大师朱彊村认为好香"能醒诗肠"。

从中医角度来说，天然香料基本为中药材，大多性温，味辛、苦，主要归脾经，以理气、活血化瘀、发散风寒之功效居多。《中医大辞典》对"醒脾"的解释："指用芳香健脾药健运脾气以治疗脾为湿困、运化无力的病症。"可见天然芳香料偏于入脾，且其功效并不局限在化湿与开窍，再加上辛能行散、苦能燥湿、温则升阳，利于脾胃恢复生清降浊之生理功能，进而维持五脏六腑的气机循环。这就是天然香料作为药材所具有的"香能醒脾"的药理依据。

这里有个关键字：醒。

中医外治疗法是中医治疗的重要组成部分，是一套独特的行之有效的传统治疗方法，《中医大辞典》对外治法所下的定义为："泛指除口服药物以外，施于体表或从体外进行治疗的方法。"熏法是外治大法，其中就包括烟熏法、香熏法等。就中医外治法来说，芳香之气可入脾，甘美之味可养脾。芳香之物性散达，有辟浊除秽、行散走窍之功，故能开窍启闭，入心脾而使神志畅达，产生愉悦之感。比如熏法中的香熏法将含有芳香性气味的中药，如苍术、沉香等，放入熏炉中点燃，用药物燃烧过程中释放出来的香气进行熏蒸。中国闻香防疫治病的历史源远流长，在《山海经》和《五十二病方》中即有记载。

生活中唤醒情志总离不开芳香开窍之气味，因为天然芳香料的气息能走窜，通过嗅觉或皮肤孔窍的吸收，让脾脏恢复其健运升清之态，从而使人神清气爽，这就是重新恢复生机的“醒”的过程。

宋代是中医发展史上一个重要时期。两宋历朝皇帝视重医为仁政之一，创设不同职能的医政机构，广授医官，同时兴办医学教育，使学医成为入仕之一途，从而出现儒医。这时文士以知医为时尚，如苏颂、文彦博、范仲淹、苏轼、黄庭坚、秦观、沈括等都精通医学或养生，他们同时将医方药理应用到合香中来，所谓“合香之法……如医者之用药，使气味各不相掩”。文士普遍知医，使得谱写香方、修合香品、气味鉴赏成为风尚甚至个人修为的基础，这需要对各种天然香料的辨别、修制、合和等了然于胸，对君臣佐使、七情和合、升降浮沉等用药法度亦须熟识。

由于苏黄等名士的躬体力行，香学成为读书人自修的艺道，风尚所至，香开始渗透到市井生活的方方面面，从而形成颇具仪式感的意象，比如焚香默坐、焚香听雨、焚香横素琴、红袖添香、焚香待月等。如果我们深入探究，会发现香在种种场景中能够带来“醒”的功用，从美学意义来讲，“醒”是空间的转换或情景营造，是通过嗅觉感知沉浸入一个新的境界。

在现代生活中，闻香所带来的“醒”的作用无处不在，在工作、学习和生活中，香开始被大家用来调节氛围和控制生活节奏。大家都有这样的体验，就是工作日下午三点前后的时间段，人容易困乏，办事效率下降，这个时候取出卧香盒，点上一支称心如意的线香，立即会有元气大增的感觉。感官的第一个放松往往是嗅觉，闻香可能是调整情绪最快的方法。类似的场景都可以借助香气来调节，以缓解压力，比如长时间的学习、紧迫的工作任务、闭塞的空调间、拥挤的会议室等。这就是传统香“醒”的魅力，结合当下，更容易让我们理解、发现进而喜爱使用传统香的生活方式。

画事焚香

事，有茶事、书事、琴事、画事等，就艺术门类来讲，把与某项艺术有关的一切事项称为“事”。画事，有两个重要事项就是作画与赏画，特别是文人画一脉，皆须有香相衬。京剧大师梅兰芳（1894—1961）拜齐白石（1864—1957）为师学画，梅兰芳曾请教齐白石：“师翁的书画别具生气，是怎么练出来的？”齐白石笑然回答：“无他，焚香养气而已。观画，在香雾飘动中可以达到入神境界；作画，我也于香雾中做到似与不似之间，写意而传神。”

白石老人焚香观画，是由于在香烟缭绕中，画面也会生动传神起来。焚香的时候，烟气有似云似雾的变幻，在是与不是之间，会让人有无限遐想，本来一幅二维的画作，青烟过处，花鸟虫鱼，仿佛被赋予了能量，苏醒了过来。齐白石年轻时就爱焚香，每次去广州总会挑选玉柏檀来用，并亲手将玉柏檀砍成5寸长、3分粗的香条，一焚就是10根。他总是选择清晨或静夜作书绘画，室内一定要烧起一炉香，既利于创作时静心养气，同时也激发灵感，神笔自来，所以齐白石的书画曾被誉为“香”笔。这是近代画坛关于焚香的轶事，其实画事与香相洽的历史源远流长。

国人的这种艺术审美取向早在西汉博山炉文化兴盛时就定下了基调，或者说对有形烟气、无形香芬的鉴赏得益于汉代神仙思想中焚香习俗的启蒙，是一种身临其境的角色扮演。博山炉熏盖一般会设计成海岛仙山，并雕刻有走兽仙人，同时在山峦间又巧置孔隙用于出烟。巧思设计的博山炉，当香焚烟起，云气将炉身笼罩，使本来形象粗略的走兽仙人生动了起来。当人们席地而坐，目力所及，云气环绕，仿佛置身海岛仙山一般。这种通过焚香所获得的烟形与香气，如海岛云雾、西山仙气，由所见所嗅的感知美引申为极乐世界和完美境界，其影响如烙印般深刻，由诗及画，影响各类艺术。

画事焚香的场景，文字记载以两宋时期渐多。黄庭坚在徽宗崇宁二年因建中靖国元年写《承天院塔记》一文被罗织“幸灾谤国”罪名，再次被贬谪至广西宜州。同年十二月，黄庭坚从湖北鄂州逆江南下，经过长沙，在碧湘门登岸养病一个月。在此期间，与好友惠洪（1071—1128）相见，黄庭坚记录有当时的一段趣事：

余与洪上座同宿潭之碧湘门外舟中，衡岳花光仲仁寄墨梅二枝扣船而至，聚观于灯下。余曰：“只欠香耳。”洪笑发谷董囊，取一炷焚之，如嫩寒清晓，行孤山篱落间……

花光仲仁赠送画作给黄庭坚，所绘为梅花二枝。黄庭坚与友人一起在灯下观赏墨梅图，觉得如此佳作需要好香相衬才更有意思，黄庭坚心中的那份“天真”自然地流露出来。一炷香起，再看青烟袅袅中的两枝梅花，如同鲜活了一般，灵动可爱。这里不仅仅有袅袅青烟相衬，更有与墨梅相合的冷艳香韵，黄庭坚以“如嫩寒轻晓，行孤山篱落间”描述此时鼻息所观，到底是所焚之香营造的意境呢，还是墨梅图所呈现的神韵呢，此时这样的美好场景让人入境。可见焚香与画事的相衬，还讲究所焚香品的选择，香有千百种韵味，画有诸多流派，一人一笔法，只有两者风格相近，才能相得益彰。

元四家之一的王蒙（1301—1385）有题画：

至正辛卯九月三日，与陈征君同宿愚庵师房，焚香烹茗，图石梁秋瀑，翛然有出尘之趣。黄鹤山人写其逸态云。

王蒙在题画中勾勒了自己创作《石梁秋瀑》图的场景：与友人在青烟袅袅中品茶相对，有逸气自心中升腾，即研墨铺纸，一蹴而就。“焚香写图”，香芬

“醒”的功用，能励志翰文、启迪文思，有助于艺术创作，尚意的文人画更是缺少不得。从黄庭坚到王蒙，借着香与画，清晰地勾勒出传承的文脉来。

传统画事中有一项重要内容叫挂画。挂画与烧香自宋代起便是人们生活素养“四事”（另外两项为点茶、插花）的主要内容，并且这四事能相洽融合。挂画作为文事之一，就常与焚香相衬，其中亦有诸多鉴赏法度。在南宋赵希鹄（1170—1242）的《洞天清录集》之《挂画》章有：

> 择画之名笔，一室止可三四轴，观玩三五日，别易名笔，则诸轴皆见风日，绝不蒸湿；又轮次挂之，则不惹尘埃；时易一二家，则看之不厌。然须得谨愿子弟，或使令一人细意舒卷，出纳之日，用马尾或丝拂轻拂画面，切不可用棕拂。室中切不可焚沉香、降真、脑子有油多烟之香，止宜蓬莱、甲、笺耳。窗牖必油纸糊，户口常垂帘。一画前必设一小案，以护之。案上勿设障画之物，止宜香炉、琴、砚。极暑则室中必蒸热，不宜挂壁；大寒于室中渐著小火，然如二月天气候，挂之不妨。然遇寒必入匣，恐冻损。

古代的画作，在装池时没有现在玻璃等密封性强的防护材料，作品都是裸露在空气中直接展示的，所以挂画须遵循一定的仪轨。比如现在的字画可以数年悬挂在一处而不必更替，在古代则不可。一方面是上文所述的便于画作保护和欣赏，另一方面，挂画会根据节令和主题活动临时调换。比如重阳节前后，会临时换上与菊花、隐逸等题材相关的作品，比如清代《九日行庵文讌图》就记载重阳雅集中挑选陶渊明肖像画以应节令。

在挂画的空间里，香是不可少的，只是要求不同于他处。首先是香料、香品的选择。赏画要焚香，但要避免“有油多烟”之香，比如“沉香、降真、脑子（龙脑)”之类，只取“蓬莱、甲、笺”等气清烟细类的香。这里的“沉香”特指沉水香，就是结香年久，油脂丰富，入水即沉的沉香品类。因为油性足的香料焚烧时烟气重，芳香油容易沾染在画作上，所以宁愿选择香清烟细的香料。其次是画前护案的陈设，考虑到不能遮挡画作，除了琴、砚，香炉最为合适，古雅而精巧。

文士用香与挂画的相得运用，还体现在卷轴上。卷轴由于卷舒方便，最是适合户外雅集使用，并延伸出专门的挂画工具——画叉，台北故宫博物院所藏《十八学士图》之四、东京国立博物馆所藏《琴棋书画》之画等皆对此有写真。明代陈继儒（1558—1639）的《小窗幽记》卷五《素》中有：“胜友晴窗，出古人法书、名画，焚香品赏，无过此时。”赏画必焚香，在烟气灵动中，自有个中韵味，可见作画、赏画、护画，皆有香的辅助之功。由此可见，赏画已经成为鉴赏的范畴，有香凛然，方能深得其妙。赵希鹄有言：“明窗净几，罗列布置，篆香居中，佳客玉立相映，时取古人妙迹以观……”

焚香与画事的相衬，最为重要的还是创作上。齐白石作画时焚香，香芬与烟气带来的是“似与不似之间”的“写意而传神”。禅宗有“说似一物便不中”，对于艺术创作，特别是中国传统人文艺术，要表达一种形象，越具体往往离这种形象的精气神越远，而焚香所产生的这种时有时无的灵动气息，具有“非木、非火、非烟、非气”的特征，正切合中国传统艺术的境界诉求和表达。文人画讲究神似，追求是与不是之间的拿捏，而香学对香韵意境的追求正与文人画题旨殊途同归。宋代刘子翚（1101—1147）有诗《龙涎香》正有此意：

瘴海骊龙供素沫，

蛮村花露浥清滋。

微参鼻观犹疑似，

全在炉烟未发时。

一款好香，所营造的空间和意境，是在鼻息的“犹疑似”中找到美学趣味，这正是古人在作画时常焚香的原因。对清代郑燮（1693—1766）来讲，焚香是他的日常功课，在他的《题画竹》中有“家僮扫地，仕女焚香，往来竹阴中，清光映于画上，绝可怜爱”。在《靳秋田索画》中有“今日晨起无事，扫地焚香，烹茶洗砚，而故人之纸忽至。欣然命笔，作数箭兰、数竿竹、数块石，颇有洒然清脱之趣”。可见焚香在郑板桥作画时如影随形，不可缺那一缕香韵的氛围，焚香对他创作具体是怎样的妙用呢？在《为娄真人画兰》中，郑板桥写道：

银鸭金猊暖碧纱，
瑶台砚墨带烟霞。
一挥满幅兰芽茁，
当得君家顷刻花。

郑板桥在气定神闲的氛围中，才有一挥而就的创作，他在炉香中沉心静气，在烟雾腾挪变化中启迪文思，隐约中我们体悟到石涛和尚“一画”的禅意。其实早在北宋时期，焚香就对“一扫而就”有滋养的意义。上文提及的花光仲仁被视为墨梅画法的始祖，他在绘画前，必先“焚香默坐”，使得“禅定意静”，然后再开始动笔绘画，一气呵成。后世的画家爱香者众多，宋有苏轼，元有倪瓒，明清则灿若星辰。正是由于焚香与士人作画的密切关联，用香的场景常常会出现在画家的笔下，仅明代画作涉及焚香题材的就非常多，比如吕文英、吕纪合绘的《竹园寿集图卷》，唐寅的《毅庵图卷》《双鉴行窝图并书记册页》，文徵明的《猗兰室图卷》，文伯仁的《南溪草堂图卷》，吴绍瓒的《房海客像轴》，等等，不胜枚举，用香的场合或为斋居，或雅集，或书房，或静室。在此类涉香画作中，香器陈列基本是明清流行的“瓶炉”，这是用香器具在明代形成的陈设规制，由炉、瓶、盒、出香工具等诸多部分组成，亦称为“炉瓶盒三事”。其中香炉是焚香的炉具，或铜或瓷，款式多样，瓶主要是用来插放出香工具，一般绘以香箸和香铲，香盒用来储放香料或香品，讲究的还会添加一瓶，即花瓶。

以用香元素来彰显自己的绘画风格者，以明末清初的陈洪绶最为著名。陈洪绶（1598—1652），字章侯，号老莲，晚号悔迟、弗迟、云门僧等，浙江绍兴诸暨人。他兼工人物、花鸟，亦有山水作品传世，尤以人物名世，是南画人物画的代表人物。陈洪绶绘画崇尚高古画风，张岱在《陶庵梦忆》中评价其为“才足掞天，笔能泣鬼”，那么他以怎样的笔调来彰显“泛彼浩劫，窅然空踪”的高古之境呢？

陈洪绶的传世作品非常多，就用香题材来说，以收藏于上海博物馆的《斜倚熏笼图轴》最为著名。斜倚熏笼的画意取自唐代白居易的《后宫词》，即“泪湿罗巾梦不成，夜深前殿按歌声。红颜未老恩先断，斜倚熏笼坐到明”。这样的场景后来在五代宋初徐铉的长诗《月真歌》中有新的铺陈：“绿窗绣幌天将晓，残烛依依香袅袅。离肠却恨苦多情，软障熏笼空悄悄。”白居易诗中的熏笼源自秦汉的香熏风尚，主要在皇室和贵族中使用和流行，是宫廷用香文化的一部分，用来熏衣熏被和香身。到了徐铉所处的五代宋初，文士阶层开始成为用香生活方式的主要推动者，他们处处用香，时时有香，香除了日用的功能，还被赋予了文化的功用，在徐铉的笔下，“熏笼”就成了民间表达思念和别离的一种寄托。

由诗而入画，陈洪绶如此描绘：画面有三人，女主一、孩童一、女仆一，其中女主斜倚熏笼，正和衣熏香。熏笼为传统竹制，罩有鸭形香熏炉一套。女主与鹦鹉对望，所谓“青春鹦鹉”，不知香为谁熏。《斜倚熏笼图轴》为陈洪绶早期作品，这类题材一直延续到近世，为画家们所热衷，其中当代的有张大千（1899—1983）和蔡岚（1917—1991）。

陈洪绶涉及用香的画作，著名的还有《授徒图》，此作品目前收藏于加州大学美术馆。图中有学士端坐，石案前是两位女弟子，一位在侍弄瓶梅，另一位手执宫扇在静观炉中之烟，有人解读为观画，如果从三位人物的神态来看，观烟比较合理。在陈洪绶的画作中，香炉器主要是用来表达高古的意境。在表现手法上，香炉或为主角，置于画面正中，如《群仙会》，一炉居中，五人围炉端坐对谈；香炉或置一角，但饰以墨绿之色，有留白相类的妙处，比如天津博物馆所藏《蕉林酌酒图》，画面右侧的天然几之上，有一深色三足炉，为画中文士凝视之处，成为画幅布局的点睛之笔。陈洪绶更多的焚香画作中香炉多以陶瓷的材质出现，炉形多取尊式，与瓶花并列呼应，比如《赏梅图》《伏女受经图》等。

中国人对香的成熟使用始于汉代宫室，炉器的形制则源于先秦的鼎彝礼器，所以对后世文士来讲，书画中对用香元素的使用，第一层表达就是彰显古意，陈洪绶可以算是这方面的集大成者。两宋时期由于各阶层对香文化的推崇，文坛大家苏轼、黄庭坚等尤其着力此事，香学成为一门显学，并融合进其他诸艺道之中，影响后世。绘画是中国重要的艺术门类，香在其中有着“点睛”的作用，沉浸于画事的创作、鉴赏、收藏等。香让二维的艺术更生动，并在创作过程中唤醒画者的灵感，这其中的妙处，似乎不可言，却又真真实实存在了千年。

琴馨合一

由感官的极致体验而衍生出众多的艺术门类，如果说书画是视觉艺术范畴，那么古琴等丝竹属于听觉艺术。往往不同的艺术门类之间互为融通，我们称之为通感，比如人的一种感知叫作甜，甜本来是味觉的体验，但我们会说女孩长相甜美，这种视觉里感知的甜味，与口舌之感就有了共鸣，这就是通感的经验。

通感是理解香气的路径，能够体现“醒”的作用。在众多的艺术门类中，抚琴与焚香的通感度更强。古琴有琴谱，用以记录每首琴曲演奏时的音高、节奏、指法动作、弦序、徽位等细节，同时琴谱又可指代收录琴事各类事项的专书。制香有香方香谱，目前文字记录的早期香谱是南朝宋时范晔的《和香方》。香谱专指以香品、香方和香法为主要内容的合集专书，由于历史上编撰者众多，后世多以编者姓氏来区分，比如《洪氏香谱》即北宋洪刍所编撰。无论是琴曲还是香方，都不是对自身艺道的规矩与设限，皆留有个性的发挥空间，提倡再创作的可能，具有潜在人文特质。

古琴含有超然物外的精神，充满诗情画意，关于琴曲的意境美，明代屠隆（1543—1605）在《考槃馀事》之《论琴》有阐述：

> 若《亚圣操》《怀古吟》，志怀贤也；《古交行》《雪窗夜话》，思尚友也；《猗兰阳春》，鼓之宣畅布和；《风入松》《御风行》，操致凉飔解愠；《潇湘水云》《雁过衡阳》，起我兴薄秋穹；《梅花三弄》《白云操》，逸我神游玄圃；《樵歌》《渔歌》，鸣山水之闲心；《谷口引》《扣角歌》，抱烟霞之雅趣；词赋若《归来去》《赤壁赋》，亦可咏怀寄兴。清夜月明，操弄一二，养性修身之道，不外是矣。岂以丝桐为悦耳计哉？

我们再关联明代高濂（1573—1620）在《遵生八笺·燕闲清赏笺》论香章节有其对当时流行的各种香的总结品评：

> 妙高香、生香、檀香、降真香、京线香，香之幽闲者也。兰香、速香、沉香，香之恬雅者也。越邻香、甜香、万春香、黑龙挂香，香之温润者也。黄香饼、芙蓉香、龙涎饼、聚仙香，香之佳丽者也。玉华香、龙楼香、撒馥兰香，香之蕴藉者也。棋楠香、唵叭香、波律香，香之高尚者也。幽闲者，物外高隐，坐语道德，焚之可以清心悦性。恬雅者，四更残月，兴味萧骚，焚之，可以畅怀抒情。温润者，晴窗拓帖，挥麈闲吟，篝灯夜读，焚以远辟睡魔，谓古伴月可也。佳丽者，红袖在侧，密语谈私，

执手拥炉，焚以熏心热意，谓古助情可也。蕴藉者，坐雨闭关，午睡初足，就案学书，啜茗味淡，一炉初热，香霭馥馥撩人，更宜醉筵醒客。高尚者，皓月清宵，冰弦戛指，长啸空楼，苍山极目，未残炉爇，香雾隐隐绕帘，又可驱邪辟秽。黄暖阁、黑暖阁、官香、纱帽香，俱宜爇之佛炉。聚仙香、百花香、苍术香、河南黑芸香，俱可焚于卧榻。客曰："诸香同一焚也，何事多歧？"余曰："幽趣各有分别，熏燎岂容概施？香僻甄藻，岂君所知？悟入香妙，嗅辨妍媸。曰余同心，当自得之。"一笑而解。

《亚圣操》等琴曲大家能理解，"妙高香"等则指某一种和香制品，此香是依照特定的香方香法制作而成。中国传统香基本是和合香，由多种天然香料修合而成，香方不同，则香韵万千，功用有别。高濂所提及的"幽闲者""恬雅者""温润者""佳丽者""蕴藉者""高尚者"都指的是所焚之香的人文特点，比如"温润者"，是用在书房一类学习、静心所用的香，具有醒神静气的作用，其实就是徐铉"伴月香"一个特征。由屠隆的《论琴》可见不同的琴曲所表达的情志是多种多样，有的是怀古，有的是忆友，有的是寄托山水林泉，有的是舒展心胸丘壑，所谓一曲一意境，一调一境界，古琴之魅力，绝不止于"为悦耳计"。高濂和屠隆是同时期人，他们对香方和琴曲的品评和分类有一个共同的特点：都是以司空图的《诗品》为鉴赏范畴，从另一个角度说明士人焚香与操琴，皆是追求诗情画意之美，这是两者能够相洽的原因。

在崇尚风雅的江南地区，古琴发展尤其浓墨重彩。受地域、师承和传谱等影响，古琴产生了众多的流派，基本是以地域性的琴曲风格来划分，著名的有浙派、虞山派、金陵派、广陵派等。其中浙派曲风古朴典雅平和、稳健恬淡，虞山派的特点为清微淡远、中正广和，金陵派则是端庄肃穆、儒雅超然又不失严谨规范，广陵派则以跌宕、自由和悠远见长。每个流派有不同的代表琴曲，正是体现

图5　元人绘《听琴图》　台北故宫博物院藏

了各自派别的风格，即使不同的琴派各自的琴曲，也会由于生活经历、审美思想、演奏风格等的不同演绎出不同的曲风，“二十四品”所蕴含的中华传统意境滋养着各琴派的发展。

传统香品制作依据特定的香方，每款香方所表达的香韵千差万别，以追求意境之美为题旨的文人香，对香方有着更多的考量。比如宋代张邦基修合了一款“鼻观香”，闻其香韵，自认为所表达的“有一种潇洒风度”。“潇洒”二字本是表达人的言行举止、神志气度，鼻观香则以香气让人关联到视觉的感知，通过气韵来表达的神情在此香的烟气中若隐若现，这是艺术跨感知体验的通感。欧阳元老所制作的深静香，其香韵给人以“恬澹寂寞”之感，这是一种个人修为、一种品性追求，正是深静香通过鼻息所要阐释的心境，使人闻其香如见其人。而贾天锡的意和香，黄庭坚评价此香为“清丽闲远”，这是一种贵族和庙堂所代表的气质，那种奢华感和独孤感是其他香芬所不能企及的。宋代还有一位文士名叫王希深，精于制香，其中一款香最为好友颜博文（两宋之际的香学家）所赏识，颜认为此香“烟气清洒，不类寻常，可以为道人开笔端消息”，香气清逸洒脱，不俗不拘，有启迪文思之妙，颜博文特地为此香写有五言诗《觅香》一首。颜博文作为香学家，撰写有《香史》一书，收录“古今熏修之法”。

韩琦的浓梅香所用香方以贵重稀有的沉香为主要香料，即“君”，再辅以多种其他香材，表现的是“如嫩寒清晓，行孤山篱落间”的雪后梅林的意境。如此浓梅香的香境，正契合古琴曲《梅花三弄》，明代杨抡在《伯牙心法》中谈论《梅花三弄》时有：“梅为花之最清，琴为声之最清，以最清之声写最清之物，宜其有凌霜音韵也。审音者在听之，其恍然身游水部之东阁，处士之孤山也哉。”此孤山即黄庭坚笔下的“孤山篱落间”，同指北宋文学家林逋隐居西湖以梅花为妻的典故。可见焚香与抚琴具有相同的特质，特定的香品与琴曲，能激发士人的灵感和雅兴。一香一曲，可谓相得益彰。

对于抚琴所焚香品的选择，很多琴谱都有具体要求。“鼓琴焚香，宜清烟细，如水沉生香之类，则清馥韵雅，最忌龙涎及儿女态香。”这是清初琴谱《琴学心声谐谱》中《操缦五知》章节里强调的内容，阐述了焚香与古琴的相衬以及所用香品的取舍。

《琴学心声谐谱》成书于清康熙三年，共两卷，作者为庄臻凤。庄臻凤（约1624—1667后），字蝶庵，扬州人，清初著名琴家。庄臻凤师从徐上瀛（约1582—1662），同时博采各大流派之长，有多首琴曲传世，其中以《梧叶舞秋风》广为流传。庄臻凤在《琴学心声谐谱》中提出古琴表演艺术总的美学原则和审美标准，在《琴学心声谐谱》之《琴声十六法》中，提出“轻松脆滑、高洁清虚、幽奇古淡、中和疾徐”诸法，将中华传统审美元素确当地融入琴操中，以传统意境来表达对琴音的掌控，比如：何为“清”？庄臻凤描述为“金井下银瓶，梧桐垂晓露，相和入青冥”；何为“滑”？则是“机杼弄札札，短棹破琉璃，水静一痕发”；等等。皆是以视觉的美感引申出听觉的意境。这就是古琴能够与焚香互为映衬的原因，皆是以感知美为最终诉求，或以所焚之香创造氛围从而激发抚琴之灵感，或者以琴曲表达所焚之香品的境界，皆有所得。

琴与香两相为用的历史资料除了文字记述，在历代传世画作中亦多有描绘，其中以北宋《听琴图》最为著名，此画作目前收藏于北京故宫博物院。作品中一人着道服抚琴，二人闲坐静听，琴桌的右侧列有一黑檀质高足香几，香几上置高圈足陶瓷香熏炉，炉烟方袅。其他的相关作品后世更是多见，比如南宋刘松年的《听琴图》、元代王振鹏的《伯牙鼓琴图》等。这些作品中，香炉往往被陈设在画幅的中心位置，非常显眼，这主要是传统用香方式的要求。香炉往往被放置在特制的香几之上，要使嘉宾都能同时感受到香气氤氲，香几往往居中放置，有“香气四达”的效果。

琴与香的长期搭配产生了一款重要的器物——琴炉。琴炉是琴事专用香具，款式、材质、器型与一般香炉并无二致，但因为与古琴相搭出现在琴桌上、香几上，古来有之，香炉与古琴合而为一，从而有了“琴炉”的专称。琴炉如果是以香几方式陈设，那么此炉的尺寸同一般的文房香炉一样，如果与古琴一起置于琴台、琴桌上，那么其尺寸就有一定的要求，高度以不遮挡古琴为好，这时的琴炉往往选择扁平小巧者。当然，琴与香皆是士人的日常，平时的操缦与焚香同雅集、文会等场合又有不同，陈设往往依照主人的性情喜好。根据诗文记载，清初女史徐德音（1681年—清乾隆年间）抚琴以长柄鹊尾炉作琴炉，“鹊尾初试鹧鸪斑，拂拭桐丝玉指寒”，试想此鹊尾炉对主人来说一定有故事来历。

明清时期人们的生活用炉多选用宣德铜炉制式，琴炉也不例外。清初文士宋至（1656—1726）写有《宣铜琴炉》长诗，将古琴与焚香的两两相得描写得尤其精彩。全诗为：

宣庙贵薰玩，锤炼戒纤杂。出冶擅奇珍，制器迈古法。
入目璧逢卞，惊心兕离柙。桐君号许分，朝冠耳嗤插。
足撑貌颇庄，口方手仅匝。百金价讵昂，七铉盖惜乏。
夙癖爱收藏，索看厌纷沓。柴汝脆羞媲，鼎鬲蠢愧狎。
色冷埋土璞，质腻醉姬颊。薄红卵肤夭，硬黄僧子衲。
幽焰常蕴腹，坚彩时彻睫。离陆扉定观，珊瑚揽栀蜡。
拨灰爇龙涎，调丝逊山峡。巾频就以烘，经莫藉此压。
声久腾帝京，宝喜归余匣。制未满一斤，中可容三合。
有字款属镌，无酒唇欲呷。倘遇蔡中郎，焦否指应掐。
清夸傍文史，俗幸免闺阁。斗鸡缸名齐，沉泥砚品洽。
鬃盘奉宜倭，锦囊裹用夹。鼓铸匪为遥，鉴别此云甲。
淫雨勤自拭，活火促僮夹。避尘须施笼，位几恒防磕。
左辅汉玉匙，右配果园合。谛视讶灿光，欣赏饯残腊。
抚之不成音，铿尔空希答。张灯刻画吟，拈韵次第押。
风帘静垂垂，烟篆袅恰恰。小物荐明禋，升香足大祫。

其实宋至的《宣铜琴炉》源自其父宋荦的同名诗。宋荦（1634—1713）是清初藏书家，诗与王士祯齐名。

琴与香相衬，还表现在诗文酒会中。比如1743年在扬州城北的行庵举行了一场雅集，《九日行庵文讌图》以绘画的方式记载了此文事，此画作收藏于美国克里夫兰艺术博物馆。画中绘有文士们焚香听琴的场景，根据亲历者厉鹗的记文所载，抚琴者为扬州程梦星，听琴者分别是祁门人马曰璐、歙县方士杰和汪玉枢。在石质琴桌之上，古琴横陈，古琴左前侧陈设有一只香炉和一只香盒。此图为雅集当事人叶林芳和方士庶根据实际活动场景所绘，所以对了解琴香的搭配陈设具有写实意义。

在古琴的演奏中，随曲操缦，气流有一定节律，一旁炉中的袅袅青烟亦随曲作缥缈变幻，如一位舞姿曼妙的青衣佳人在侧。可见琴炉中所焚之香，不仅讲究无形香氛，更注重有形烟气，所以细心观察宋代有琴炉场景的画作，炉中多有香烟飘出，正是此意。而在宋代焚香多用香丸、香条或香饼，隔火熏香的香法又不见烟或少烟，伴琴用印篆香亦多，印篆香法相对于焚烧香丸更具观感，同时焚燃时间长。

根据笔者与多位琴家的交流，还有一种说法比较独特。该说认为古琴的选材往往是老木料，特别是音质高妙的古琴作品，多选用老屋的杉料，甚至是千年前棺椁用楠木料。这些老料“阴”气足，需要香这种性“阳”的物质来中和。尽管这是一家之言，但是从另一个方面说明天然香料所具有的杀菌、祛疫和清神的基础作用。

士人焚香作为一种文化现象，深刻影响着中国传统艺术的发展。走进香的世界，有助于习琴者对古琴艺术的理解，特别是加深对琴曲境界的体悟。当代琴家林友仁（1938—2013）曾经写有一篇文章《艺境——可遇不可求》，记录了自己亲历的一件事：

> 有一段奇遇，说来也许是荒诞无稽，不可思议。前年夏天，合家去道教的福地武当山紫霄宫，一来是避暑，二来教那里几位坤道弹琴。一次，在陈姑的卧室中弹《普庵咒》，不及一半，只见琴上的十三个徽冉冉升起一缕青烟。继而，身边一片云雾缓缓游动，如置仙境。曲终，便问陈姑，"房中有没有焚香？""没有啊。"那，这是幻觉吗？为了验证，我又弹了一曲，情景依旧。我惘然不可解，便问陈姑，却得一句"天机不可泄露"的话。事后，将此奇遇写了一篇短文，藏在抽屉里。今年初，在家中独自弹琴，又出现了那如梦如幻般的仙境……

林友仁先生在抚琴的过程中，感觉琴徽中有青烟升腾，进而置身于云雾仙境中，但他当时并没有焚香，自己总结为这是"可遇不可求"的琴艺境界。两汉时期的博山炉文化，是为迎合当时流行的神仙思想，所以炉盖设计成海岛仙山的形状，炉中香焚，云起萦绕，营造的就是人们心目中的仙界神山。到了明代，形成了"香烟妙赏"的风潮，各类香熏炉设计层出不穷。中国传统艺术的最终追求为境界一途，比如园林构建中的诗情画意，人在其中，移步换景，如入仙境，才是好园林的标准。仙气的视觉表达就是云雾，焚香正营造了这样的绝妙场景，成为一种寄托，所以诗人闻一多（1899—1946）认为焚香是"东方人特有的妙趣"。作为古琴艺术的理论研究者，林友仁先生所偶遇的艺境，正是他醉心琴艺、德艺双馨的写照。

焚香默坐

焚香默坐这一中国传统生活方式源自印度佛教"结跏趺坐"的禅定法。默坐又称"习静"，可见是一门需要学习的功夫。作为一个文化现象，焚香默坐的早期践行者是“诗佛”王维（701—761），根据《旧唐书》之《王维传》记载：

> 在京师日饭十数名僧，以玄谈为乐。斋中无所有，惟茶铛、药臼、经案、绳床而已。退朝之后，焚香独坐，以禅诵为事。

由于王维在山水田园诗派的代表性，是山水画的开山之祖，他的美学思想又与辋川别业密不可分，把避世演绎成了艺术，将诗歌、书画等融入自己的隐居生活中，从而使得“隐”的修为方式成为后世读书人效仿的楷模，其中就包括“焚香独坐”式的习静功夫。传承王维衣钵者，如北宋初年的文士王禹偁（954—1001），其在《黄冈新建小竹楼记》中有：

> 公退之暇，被鹤氅衣，戴华阳巾，手执《周易》一卷，焚香默坐，消遣世虑。

到了王禹偁这里，由“禅诵之事”为“手执《周易》一卷”，同样是焚香默坐，由王维的以禅修心转变为王禹偁的求真崇道，“消遣世虑”。渐渐的，焚香默坐从佛道中脱离出来，成为文士们特有的一种自我修为的生活方式，以至于随着社会的发展，其内涵亦越发丰富，特别是苏东坡等名士对此推崇后，影响更甚。苏东坡在《黄州安国寺记》中对“焚香默坐”有着自己的观点：

> 得城南精舍曰安国寺，有茂林修竹，陂池亭榭。间一二日辄往，焚香默坐，深自省察，则物我相忘，身心皆空，求罪垢所从生而不可得。一念清净，染污自落，表里翛然，无所附丽。私窃乐之。旦往而暮还者，五年于此矣。

苏东坡从元丰三年至元丰七年生活在黄州，在这五年期间，他选择“焚香默坐”的方式直面困境，了悟人生。在一炷香中，能够“物我相忘，身心皆空”，从而达到“染污自落，表里翛然，无所附丽”的超脱境界，这对苏东坡伟大人格的形成助莫大焉！我们知道苏东坡在黄州是其政治生涯的低谷期，有诸多不如意甚至困苦，却迎来了文艺创作的丰收，甚至完成了《易传》九卷、《论语说》五卷等著述，其修养境界和哲学思想在此时基本成熟。王禹偁的黄冈和苏东坡的黄州是同一个地方，《黄冈竹楼记》成于咸平二年（999），《黄州安国寺记》写于元丰七年（1084），两篇文章相距80余年，但焚香默坐式的修为已经是一脉相承了。

作为苏东坡的学生，黄庭坚深得老师“焚香默坐”之精髓。我们知道黄庭坚提点出“鼻观”之学，从而展开了嗅觉审美的新世界，而“焚香默坐”这种生活方式则是“鼻观”自修的法门之一。黄庭坚在《题自书卷后》有云：

> 崇宁三年十一月，余谪处宜州半岁矣。官司谓余不当居关城中，乃以是月甲戌，抱被入宿于城南予所僦舍喧寂斋。虽上雨傍风，无有盖障，市声喧愦，人以为不堪其忧，余以为家本农耕，使不从进士，则田中庐舍如是，又可不堪其忧耶？既设卧榻，焚香而坐，与西邻屠牛之机相直。为资深书此卷，实用三钱买鸡毛笔书。

已经60岁的黄庭坚在徽宗崇宁三年抵达被贬谪的宜州，由于是待罪编管之身，无法居于城关，被迫辗转到城南一处嘈杂市集内的一个屋舍。此屋舍风雨可入，残破不堪，其正对着杀牛屠肉的案桌……这样的情形下，黄庭坚给小室取名“喧寂斋”，焚上一炷香，安坐于卧榻之上。面对如此恶劣的环境，怎么可能如此得安适、心闲？原来所焚之香的烟气仿佛形成了一个无形的保护空间，香芬隔绝了鼎沸市声，严密地将他保护起来，同时“鼻观”所焚香品的情志或境界，让人

“一念清净，染污自落，表里翛然，无所附丽”。此时黄庭坚“香痴”之名早已远播，即使在贬谪期间，各地友人也会陆续寄送来香料或香品。比如黄庭坚在《宜州乙酉家乘》有几则记载：

七日丙午，晴，似都下四月气候也。象州人回，得才叔书，报松柏市之綷已达。得李仲牖书，寄建溪叶刚四十銙、婆娑香四两、蜀笺四轴、螢桶赤鱼鳔五十，并得少伊书。

十八日丁巳，晴又阴而不雨，天小寒。唐叟元老寄书，并送崖香八两。

二十三日戊午，晴。带溪文仪甫来，送二簞黄粱、鱼腊。前日黄徽仲送沉香数块，殊佳，从以乌楠、花梨木界方、粉腊。天河吕任之送蜜。

估计在友人的心目中，香是黄庭坚生命中不可或缺的部分，焚香默坐，对他来说是“隐几香一炷，灵台湛空明”，借由用香反映黄庭坚在贬谪生涯中坦然平和的心境和豁达乐观的态度。

对于焚香默坐，人们考量的内容非常广博，两宋之际的陈与义（1090—1139）作有《焚香》诗：

明窗延静昼，默坐消诸缘。
即将无限意，寓此一炷烟。
当时戒定慧，妙供均人天。
我岂不清友，于今心醒然。
炉香袅孤碧，云缕霏数千。
悠然凌空去，缥缈随风还。

世事有过现，熏性无变迁。

应是水中月，波定还自圆。

全诗细致刻画了诗人焚香默坐的心路历程。在一明净的所在，焚上一炷香，在这一刻，把自己的千般心绪都寄托于香中。所谓止观明静，香中自有答案。第一缕香芬袭来时，如磬音般让人醒悟，看那袅袅青烟随风而去，香芬则缥缈而来，无论尘世错综万千，以香证得的感悟常驻心中，正如那水中月，波定还自圆。

明代唐寅（1470—1524）深得其中味，写有《焚香默坐歌》：

焚香默坐自省己，口里喃喃想心里；心中有甚陷人谋？口中有甚欺心语？为人能把口应心，孝悌忠信从此始；其余小德或出入，焉能磨涅吾行止。头插花枝手把杯，听罢歌童看舞女；食色性也古人言，今人乃以之为耻。及至心中与口中，多少欺人没天理，阴为不善阳掩之，则何益矣徒劳耳！请坐且听吾语汝："凡人有生必有死，死见先生面不惭，才是堂堂好男子！"

直读下来，甚有意思，行文如同曲艺中的"数来宝"。通过唐寅的《焚香默坐歌》可知，古人注重此修为的目的主要是"自省"，通过香气营造的澄清氛围来促成自己的感知、醒悟，所谓静能生慧，一如当下所发问的：我是谁？只有在这一刻，能够找回自己的本真。

自古中华读书人具有胸怀山川湖海的情愫，所谓进则居庙堂之高，退则隐林泉之远。焚香默坐一般在静室、斋房之中，但是要构造园林、辟静室，除了要具有相当的文学涵养和品行节操，还要有一定的物质基础。近代人少有条件再造静室，但习静的传统从来没有断，日常静坐或焚香习静者，大有其人：齐白石、闻一多、盖叫天父子、钱穆、汪曾祺等名士。

汪曾祺曾发表习静专文《无事此静坐》，以此来表达自己对默坐这一东方人特有生活方式的推崇。在此文中汪曾祺回忆了自己外祖父的一处“静室”：

> 他有几间空房，檐外有几棵梧桐，室内有木榻、漆桌、藤椅，这是他待客的地方，但是他的客人很少，难得有人来。这几间房子是朝北的，夏天很凉快。南墙挂着一个横幅，写着五个正楷大字：无事此静坐。

在这段回忆的字里行间，宗元鼎（1620—1698）东原草堂式的构图跃然纸上：梧桐、木榻、漆桌、藤椅、横幅等，正如明人李日华（1565—1635）所云：“洁一室，横榻陈几其中，炉香茗瓯，萧然不杂他物，但独坐凝想，自然有清灵之气来集我身。清灵之气集，则世界恶浊之气，亦从此中渐渐消去。”汪曾祺在《无事此静坐》中认为自己的隐逸之气正是在外公此静室中养成的。

后来汪曾祺在日常生活中一直保持着习静的习惯，尽管受各种条件的限制，他每天早晨都是从静坐开始：一杯茶，一张沙发，端坐一个多小时。正是在这静坐中，“静思往事，如在目底”，许多脍炙人口的小说与散文得以构思成熟。汪曾祺很赞赏齐白石的“心闲气静一挥”，其实齐白石焚香习静是受苏轼影响颇深，苏轼在海南儋州时，必须朝焚檀香十束，“吞香静坐”半个时辰，清心寡欲，方上堂治理民事。通过“焚香静坐”齐白石得来如泉文思，涵养了学问。汪曾祺之所以被誉为“中国最后一个士大夫”，是基于其是中国传统社会中文化与艺术的传承者。尽管名士已去，焚香默坐这一传统文脉如涓涓溪流，润泽着这片土地。

雅集香风

传统意义上的文士雅集，是指人们依特定主题和传统礼仪举行的诗文聚会，又称文会、文谯、宴集、诗酒文会等。雅集的人数较多，选址或室内或户外，俯仰唱和之际，落实以词赋诗文、书画琴曲。古往今来雅集众多，其中以东晋王羲之（303—361）主导的兰亭修禊影响最为久远，自此雅集由民俗渐成人文风尚，形成一定的程式，重要的雅集都会有诗文的汇集、图记的留存，反映不同的时代风貌，从而使得很多雅集的细节为后世所了解。

北宋时期，由于科举制度的成熟，读书人的群体空前壮大，崇文的局面推动着雅集的发展。这个时期著名的雅集有苏轼与其门生参与的“西园雅集”，韩琦主导的“四相簪花”酒会，欧阳修主导的平山宴集，等等。南宋吴自牧在《梦粱录》卷一九“四司六局筵会假赁”一章中记载：“俗谚云：烧香、点茶、挂画、插花，四般闲事，不宜戾家。”可见南宋时香、茶、画、花诸事已经是约定俗成的雅集内容，成为宋人高雅的生活要素，是基于嗅觉、味觉、视觉和触觉等基本感知而衍生出极富人文修养的一种生活方式和态度，并融合进人们生活行坐的方方面面。

元承宋风，其中比较有影响的雅集是顾瑛主导的“玉山雅集”。此雅集地点在苏州昆山阳澄湖畔，但不止一次文会，时间跨度达十数年，是元代江南地区有极大影响的文会活动，并有《玉山名胜集》《玉山名胜外集》《玉山纪游》和《草堂雅集》四种唱和作品集流传。明清时期的文士雅集达到极盛，而江南地区苏州、扬州、南京等地的园林构建和鉴赏风尚起到了推波助澜的作用。其中以清初王渔洋（1634—1711）主持的“虹桥修禊”影响范围最广，并且被孔尚任（1648—1718）、卢雅雨（1690—1768）、曾燠（1759—1831）等承前启后，时间跨度达百余年，留下的唱和诗文、画作写真不计其数，自古罕见，是有清一代独特的人文风景。

一次成功雅集会推动嘉宾们的集体创作热情，那么雅集的组织就显得非常重要，其中题旨的选择、场景的陈设、流程的安排都费思量。自北宋以来，雅集渐渐形成了一定的程式，焚香作为人们热衷的雅事之一，同茶事、画事、花事一样，成为雅集必不可少的元素内容，这些我们可以从传世的雅集画作和诗文记载中得到印证。

西园雅集是中国文化史上极其重要的文会，它不同于以门阀贵族为主的兰亭修禊，又处于中国人文艺术的成熟期，对后世具有师范效应。西园雅集地点在北宋驸马都尉王诜（1048—1104）的府邸西园，参与者有苏轼、苏辙、黄庭坚、米芾、李公麟、晁补之、张耒、秦观等十六人，皆为当世文坛名流，这也是苏门正式形成的标志性事件。根据史料研究，西园雅集应不是一次文会，时间段为元祐年间（1086—1094）。西园雅集有米芾为记，李公麟作图，对雅集有全面的纪实，这些记文和画作对我们研究北宋文士们的交游往来有重要的参考意义。

米芾的《西园雅集图记》中描绘了雅集情形："水石潺湲，风竹相吞，炉烟方袅，草木自馨。人间清旷之乐，不过如此！"在这样的交游场景中，"炉烟方袅"，炉中正焚着香，香烟灵动飘逸。此意象开始成为文士雅集的重要表征，后世的众多西园雅集摹本中，皆反映雅集焚香这一元素，比如马远、刘松年、赵孟頫、唐寅、丁冠鹏等皆有对《西园雅集图》的摹绘，焚香场景都出现在他们的作品中。自此雅集中焚香开始与烹茶、插花、挂画、操缦、赏石等相洽应用，人们选择节令、确定题旨而宴集，沉浸在这些风雅艺道中，激发灵感，启迪智慧，感悟天地万物。

雅集焚香以壮观著称的，当属南宋张功甫（1153—1212）的牡丹会。张功甫名镃，能诗擅词，曾学诗于陆游，与尤袤、杨万里、辛弃疾、姜夔等交游。《齐东野语》中记载有张功甫召集的宴会品香：

王简卿侍郎尝赴其牡丹会云："众宾既集，坐一虚堂，寂无所有。俄问左右云：'香已发未？'答云：'已发。'命卷帘，则异香自内出，郁然满座。……复垂帘谈论自如，良久，香起，卷帘如前。……烛光香雾，歌吹杂作，客皆恍然如仙游也。"

张功甫雅集用香讲究气势，将雅集空间以帘帷分隔为两处，一处为宾客活动的地方，另一处作为出香的工作间。待主宾坐定，出香正浓时，命人卷帘，香气蓬勃而至，立刻将宾客笼罩，使人如置身仙境。香的体验往往是一瞬间的嗅觉感知，所谓"入芝兰之室，久而不闻其香"，张功甫安排"垂帘""卷帘"的重复出香，可见其对"发香""出香"的理解和操作已经非常有心得，即使在当下的装置空间设计上，依然在使用这种香熏经验。可见在宋代香体验是雅集的重要内容，有着具体的流程步骤。

元代顾瑛召集的玉山雅集，是一个在江南昆山风雅十数年的文会。其中在元至正戊子二月十九日在玉山草堂举行有一场交游活动，并效仿西园雅集故事，由张渥作《玉山雅集图》，杨维桢撰写《玉山雅集图记》，以记其风雅。尽管图已不存，但杨维桢所作图记保存了下来，通过此记，可领略元代文士雅集的全貌：

玉山主者为昆山顾瑛氏，其人青年好学，通文史，好声律、钟鼎、古器、法书、名画品格之辨。性尤轻财喜客，海内文士未尝不造玉山所。其风流文采出乎流辈者尤为倾倒。故至正戊子二月十有九日之会，为诸集之冠。冠鹿皮，衣紫绮，据案而伸卷者，铁笛道人会稽杨维桢也。执笛而侍者，姬为翡翠屏也。岸香几而雄辩者，野航道人姚文奂也……琴书左右，捉玉麈从容而色笑者，即玉山主者也……

由此记文可知，顾瑛博学多才，精于赏鉴，所以他所主导的雅集一定是极尽风雅之事，有笛之音、琴之声、画之韵，更有“香几”之炉烟……焚香是不可或缺的一项，志趣相投的文士们在香气氤氲中，净心契道，品评审美，励志翰文，调和身心。玉山雅集的许多活动，往往持续多日不绝，顾瑛作《清平乐·题桐花道人卷》：

> 桐花道人吴国良，雪中自云林来，持所制桐花烟见遗。留玉山中数日。今日始晴，相与同坐雪巢，以铜博山焚古龙涎，酌雪水烹藤茶。出蟼雷琴，听清癯生陈惟允弹石泉流水调。道人复以碧玉箫作《清平乐》。虚室半白，尘影不动，清思不能已已。

待到雪后初晴，主客烹雪煮茶，琴箫雅奏，以“铜博山焚古龙涎”。铜博山就是青铜博山香熏炉，汉代炉制，顾瑛热衷古器物收藏，是文人趣味的体现，这时取出博山炉，焚以“古龙涎”，此景此情，“雪巢”香气氤氲，不惹半点尘思，令人遥想其神韵风采。

清代扬州的“虹桥修禊”除了诗文唱和，传承的还是文士日常推崇的“四般闲事”飨宴，即“烧香、点茶、挂画、插花”。这些生活艺术不是简单的孤立罗列，而是互为融通、彼此互衬的人文景象，雅集正是通过香、茶、画、花等艺道来激发嘉宾们丰富的审美感知力，提炼细腻的功夫，从而成就诗词曲赋。以“虹桥修禊”为题旨的诗文浩如烟海，除了文字的描写与抒发，这个时期文游类的图记作品也很丰富，其中以乾隆时期的《九日行庵文讌图》最为著名。

《九日行庵文讌图》描绘的是马曰琯、马曰璐兄弟与厉鹗、闵华等文士重阳日在行庵举行的文会。《九日行庵文讌图》中的行庵是马氏兄弟的别业，是主人会友、艺游之地，地处扬州城外北郊。根据厉鹗的图记，参加此雅集者籍贯不一，来自武陵、天门、歙县、江都、临潼、钱塘、祁门、吴江等，可见传统雅集召集范围之广。雅集需要精心的筹划准备，以便让远道而来的嘉宾们身心状态协调如意，这就需要氛围营造和多维空间场景安排。在《九日行庵文讌图》中展现的雅集风物众多，除了香、茶、花、画之外，还有盆景、古琴、法帖、文石等。

文讌全图有两处用香的场景，一是在屏榻之侧有一长桌，上设带底座鬲式香炉一只，焚香与瓶花、茶具相衬。焚香与品茗往往是同时出现的场景，以香会友，以茶佐之，或者以茶为主题，香为巧伴。郑燮在家书中记述了自己的一次江边雅会："此时坐水阁上，烹龙凤茶，烧夹剪香，令友人吹笛，作《落梅花》一弄，真是人间仙境也。"这是非常经典的茶与香相得的记载。第二个用香场景是在操琴部分，抚琴与焚香皆为清事，两相为用，添一分幽趣。在一般的雅集中，古琴与琴炉会同时出现，成为雅集之固定场景。

由此可见焚香在雅集中的作用如同活动的背景音乐，有气氛布场的作用。

每场雅集，首先要做的事情是珍重地发出"启文"，比如"虹桥修禊"的邀请函为《征广陵诗会启》，为清初状元王式丹（1645—1718）所写。其全文为：

> 书驰铁马，陈记室檄可愈风；制草金銮，徐学士香堪伴月。巨源对策，才比长沙；少游著书，集称淮海。吾乡夙号名区，此日复多佳士，而名流修禊，仅见柳泉。胜侣抽毫，秖传兰里。窃恐花开芍药反欲笑人，树长垂杨惟堪赠客者矣。绮偕约同心，共襄执耳。修月泉之故事，缔云山之雅盟，谈诗而争致刘生，作赋而还邀枚叔。华轮蜡屐，并望惠临，红袖缁袍，无妨杂坐，务使奔涛九曲，尽将彩笔收来，莫令明月二分顿使玉箫吹断。况此会惟谈文酒，岂当年竞长坛场。客过玉山识顾瑛之好事，人游金谷遇潘岳以论交。吾侪用是有怀，诸君岂能无意。

收到请帖之后，宾客按照约定的时间从四面八方赶来赴约，肯定是风尘仆仆、路途劳顿。但雅集是一次聚会，有预设的流程步骤，这时把大家的身心调整至一个频道，就显得非常必要。我们会发现，香、茶、画、花等文事皆有“暖场”的功能，比如香从气息的嗅觉、香具陈设的视觉等多个方面将宾主带到同一个场景中来。随着雅集的进行，讲究的会根据时段焚烧不同的香品来调节活动节奏，至于不同香品所带来的各种功用，那就更考量雅集召集者的香学功底了。正如屠隆在《考槃馀事》所言：

> 香之为用，其利最溥。物外高隐，坐语道德，焚之可以清心悦神。四更残月，兴味萧骚，焚之可以畅怀舒啸。晴窗拓帖，挥麈闲吟，篝灯夜读，焚以远辟睡魔，谓古伴月可也。红袖在侧，秘语谈私，执手拥炉，焚以熏心热意，谓古助情可也。坐雨闭窗，午睡初足，就案学书，啜茗味淡，一炉初爇，香霭馥馥撩人。更宜醉筵醒客，皓月清宵，冰弦戛指，长啸空楼，苍山极目，未残炉爇，香雾隐隐绕帘，又可祛邪辟秽。随其所适，无施不可。

香用之于雅集，应景而施用，各有其妙。

四时之香

在人们传统生活作息中，每一天不同时辰都会用香。特别是五代以降，随着香料贸易的繁荣，生活用香在民间得到进一步的普及。苏东坡作为北宋后期的文坛盟主，一生爱香，《燕君笔记》载有苏东坡赏心乐事十六件：

清溪浅水行舟，凉雨竹窗夜话。

暑至临流濯足，雨后登楼看山。

柳荫堤畔闲行，花坞樽前微笑。

隔江山寺闻钟，月下东邻吹箫。

晨兴半炷名香，午倦一方藤枕。

开瓮忽逢陶谢，接客不着衣冠。

乞得名花盛开，飞来佳禽自语。

客至汲泉煎茶，抚琴听者知音。

此苏东坡赏心十六事，是后人仰慕先贤，借其行止，总结出来的士人风雅，其实是宋代吴自牧所记谚语“四般闲事”的补充，是人们亲近自然、感悟生活和修养身心的总结，老庄思想蕴含其中。

其中“晨兴半炷名香”，有的版本记载为“晨兴半炷茗香”，“炷”既可是“一炷香”中的时间概念，亦可指香品的数量单位，也有作焚香的动作的，句中应该为单位词。“名香”在唐诗中即多写，“名香泛窗户，幽磬清晓夕”，特指贵重的香品。联系下文的“客至汲泉煎茶”，专门有茶事的描述，没必要再用“茗”字重复。晨起后，扫地净几，焚香半炷，在一刻钟的馨香氤氲里开启美好的一天。陆游在《南堂晨坐》中有“镜湖清绝似潇湘，晨起焚香坐草堂”之句，亦是描写自己清晨的行坐，焚香预示着一天作息的开始。

所谓“扫地焚香”，亦是文士的一种待客之道，郑板桥在《题画竹》有：

茅屋一间，新篁数竿，雪白纸窗，微浸绿色。此时独坐其中，一盏雨前茶，一方端砚石，一张宣州纸，几笔折枝花。朋友来至，风声竹响，愈喧愈静。家僮扫地，侍女焚香，往来竹阴中，清光映于画上，绝可怜爱。

郑板桥以“扫地焚香”迎接好友，是礼节，是风雅，同时“扫地焚香”是士人日常，扫地以清洁庭院，焚香以芳香空间，只有这样，才能开始一天的作息，郑板桥在《靳秋田索画》中有：

> 今日晨起无事，扫地焚香，烹茶洗砚，而故人之纸忽至。欣然命笔，作数箭兰、数竿竹、数块石，颇有洒然清脱之趣。

晨起焚一炷香，在这简单的仪式感里，能够提起一整天的兴致来。一方面，中国传统的居住作息空间受到建筑材料的限制，不甚敞亮，在讲究“聚气”的风水理念中，窗牖的制作尺寸也不大，晨起焚香有清洁空气的作用。另一方面，在厅堂主屋中礼佛尊道，必然日日炷香以示虔诚，对于富贵之家、书香门第，日常陈设的香炉不止一只，并各有用途，晨起更是有法度礼数。

传统生活中不仅早晨要用香，午休初醒亦离不开香，即香所具有的“能除污秽，能觉睡眠”（《香之十德》之二，传为宋黄庭坚所撰）之用途。北宋秦观有词《玉楼春》上阕为：

> 午窗睡起香销鸭，斜倚妆台开镜匣。云鬟整罢却回头，屏上依稀描楚峡。

“午窗睡起香销鸭”，“鸭”即鸭形香熏炉，午睡醒来后，在香炉中焚上一炷香，再开始梳洗。类似的午睡后用香描写非常多，有点类似晨起焚香，在香芬中唤起新的开始。中午焚香有提神醒脑的功用，宋代陈与义在《与伯顺饭于文纬大光出宋汉杰画秋山》长诗中起始句就是“焚香消午睡，开画逢秋山”，就是此意。明代高濂论香时有：“蕴藉者，坐雨闭关，午睡初足，就案学书，啜茗味淡，一炉初爇，香霭馥馥撩人，更宜醉筵醒客。”这里的“蕴藉”气韵特点的香就适合晨起或午后焚用。

同时夜晚伴香而眠也是人们的日常事。秦观被贬谪时有许多涉香作品，如《海康书事十首》其三为：

卜居近流水，小巢依嵚岑。
终日数椽间，但闻鸟遗音。
炉香入幽梦，海月明孤斟。
鷦鷯一枝足，所恨非故林。

诗中的“海康”是当时南海雷州的治所，秦观曾被贬谪至此。诗中秦观自比鷦鷯，所居的地方很简陋，但这不是作者最在意的，游子在外的苦闷才是愁煞人，还好作者有香来纾解自己远在天涯的孤独与思乡之情。秦观不停地遭受贬谪，身边的一切都是陌生的，唯有那炉中香芬是熟悉的，从中可以借得几许安慰和寄托。夜不能寐时，焚香能使他安然入睡，也只有在这宁静的香芬中，他才能梦回故乡。

元代倪瓒写有“清夜焚香生远心，空斋对雪独鸣琴”之句，这里的夜焚香，是在恬淡的香芬中静思净心。徐铉的“伴月香”，“温润者”的气韵，送夕阳，迎素月，消遣世虑。对传统读书人来说，更多的是焚香夜读书，严寒时，一炉香暖，酷暑时，一炷静心，香气伴随着读书人的庙堂进取和功名追求的每一步，所以衍生出“红袖添香夜读书”的美好意象来。

四季变换，对于重要的时节，人们在焚香时所用的香料和选取的香方是不同的，往往会根据气候、环境、作息的变化而调整，这就是和香的时间意义。

比如立春是一年中万物复苏的开始，人们对这一节气非常重视，表现在焚香之事上，则是梅花香方的大量谱写和使用。岁寒三友，松、竹、梅，唯有梅花具有迷人的香气，凌寒独自开，有潇洒风度，为人们所钟爱，所以从南朝宋到明代一千多年里出现大量模拟梅花香气的香方，在《香乘》第十八卷《凝和花香》中收录有可观的传世梅花香方。由于梅花品种众多，所以相关香方的种类亦繁多，含有梅字的就有《梅花香》《梅英香》《梅蕊香》《浓梅香》《笑梅香》《肖梅韵香》《胜梅香》《浃梅香》《江梅香》《蜡梅香》等，而不含梅字的《春消息》《雪中春信》《雪中春泛》等亦是模拟梅花香韵的著名香方。

古人模拟冬春时节的梅花香韵，其目的主要是取梅花盛开时的意境。踏雪寻梅固然美好，雪后初晴更是难得，可惜烟花易冷、飞雪易逝，而具有梅花香韵的和香则可以随时取用焚爇，或雨窗，或夜读，或燕居，随时可得“梅英半舒”之嗅觉美好。无论是香方的谱写还是和香品的制作，考量的是香气所营造的意境，即香被点燃或加热后所呈现的嗅觉感知。一香袅袅，仿佛置身于雪后梅花林中，这需要丰富的工艺经验和深厚的见识学养。

清明也是与香有重要关联的节气。清明前后是古之寒食节和三月三修禊时间，由此民俗传统而衍生出的雅集文化已经成为士人群体的风尚。东晋王羲之主导的兰亭雅集，清初王渔洋发起的虹桥修禊，皆是取清明这一时间点。在《清明红桥竹枝词》中，孔尚任有言：“桥边久系阿谁舟？也爇香炉拭茗瓯。”清明时节，焚香不在书房，也不在庭院，而在游船之中，可见此时焚香风气之盛。这个时节，百花盛开，草木自馨，用香往往选取反季节的香制品，比如焚爇往年修合的柏子香，更是风雅。

接下来的芒种和夏至节气，其间有端午佳节，江南的梅雨季也到来了。在这样湿热与阴霉的环境里，人们多用含有苍术的香品来焚，民间则直接借助炭火爇烧苍术出烟。《香乘》第十六卷中收录的《远湿香》，就是一款适用梅雨时节的香方：

龙鳞香（四两），芸香（一两，白净者佳），苍术（十两，茅山出者佳），藿香（净末，四两），金颜香（四两），柏子（净末，八两）。各为末，酒调白芨末为糊，或脱饼，或作长条。此香燥烈，宜霉雨溽湿时焚之，妙。

《远湿香》所用香料有六：苍术、龙鳞香、芸香、藿香、金颜香、柏子，以白芨面为黏合剂，做成香饼或者香条（早期线香）焚烧。这里的主要功能香料是苍术，古人选用苍术来芳香、避秽、化湿浊，依据的是中医外治法中香熏的经验。根据现代科学手段的检测和医院的临床应用，苍术具有杀菌效果，《中药大辞典》记载："苍术、艾叶烟熏消毒（6立方米实验室，各种4两，烟熏2小时）对结核杆菌、金黄色葡萄球菌、大肠杆菌、枯草即绿脓杆菌有显著的灭菌效果，与福尔马林相似，而优于紫外线及乳酸的消毒。"众多医院在20世纪90年代曾将熏烧苍术作为手术室和隔离室的除菌方法，比如原广州军区总医院、广州医科大学第二附属医院等单位。

但苍术单独使用不容易焚烧，需要借助炭火将干燥的苍术焚爇出烟。此法简单，缺点是香气不宜人，所以制香艺人多会将苍术与其他香料组合使用，既可以去湿防霉，又可以让熏烧的空间香韵不竭，宜人可爱。

大暑节气，民间有"烧伏香"的习俗，陶弘景云："沉香、熏陆，夏月常烧此二物。"明清时期人们多用避暑香佩、香丸，《香乘》第二十卷载有制香珠之法：

零陵香（酒洗） 甘松（酒洗） 木香少许 茴香等分 丁香等分 茅香（酒洗） 川芎°少许 藿香（酒洗，此物夺香味，少用） 桂心°少许 檀香等分 白芷（面裹煨熟，去面） 牡丹皮（酒浸一日晒干） 三柰子（如白芷制少许） 大黄（蒸过，此项收香味，且又染色，多用无妨）

右件圈者(°)少用，不圈等分如前制，度晒干和合为细末，用白芨和面打糊为剂，随大小圆，趁湿穿孔，半干用麝香檀稠调水为衣。

芳香、化浊、避秽，是芳木香草类中药材的主要功能，此香珠方里的各种原材料既是中药材，又是制香的常用香料，制香法脱胎于传统医学，与中医、佛医等有着千丝万缕的联系，以修身养性为根本，以勘验学问为依归。此香珠的主要功能是暑热时清心降火、提神醒脑。

《香乘》在此卷中又收有香珠法：

凡香环佩戴念珠之属，过夏后须用木贼草擦去汗垢，庶不蒸坏。若蒸损者，以温汤洗过晒干，其香如初。

此“木贼草”即锉草，是传统工匠用来给竹木骨等器具打磨加工的，现在传统制扇的老师傅有的依然采用锉草来打磨扇骨，《本草纲目》有：“此草有节而糙涩，治木骨者，用之磋擦则光净，犹云木之贼也。”暑天过后，以木贼草处理使用过的香佩，使之光洁，又不损香件之形，便于收存。可见避暑香珠等传统香佩虽然是由多种香料黏合而成，却是可以经年重复使用的物品，故宫博物院和民间依然有数量可观的清代香佩件。

寒露前后是桂花季，对于江南传统桂花产地光福镇而言，这时是最忙碌的。光福镇地处太湖之阳、邓尉山麓，地理和气候环境适合各类桂花的种植，在清代为华东最重要的桂花供应地，所产桂花为各大香铺、香堂所青睐。扬州自明末就有专业制香的香铺作坊，至清代更是星罗棋布，蔚然成为地方产业，所制作的香品甚至成为贡品，获得国际青睐。作为“扬州工”重要代表的传统制香工艺，重要的特色之一就是香料甄选，取材精良，“天下香料，莫如扬州”，而优选的道地香材中就有产自光福的桂花。每到桂花盛开时，江南运河上就会往来着扬州各香号、香铺采运桂花的船只。桂花可食用，可焚爇，是节气用香的重要花材。

《香乘》中收录的桂花香方有多种，著名的为《木樨香》《吴彦庄木樨香》《智月木樨香》《桂花香》等。普通的花朵在干燥后加热或焚烧时，气息没有鲜花那般美好，是由于所含的芳香成分在干燥过程中挥发损耗了。因此，留住鲜花盛开时的美好气息一直是人们的梦想，这也是东方制香工艺与西方香水工艺发展的共同初衷。所以东方人所制的和香，所谓的梅花香方、兰花香方、茉莉花香方等皆不含梅花、兰花、茉莉花的成分，而是通过修合其他香料来模拟特定香气。但桂花是个例外，干燥的桂花少了甜腻，多了份淡雅，所以干桂花除了大量使用在茶饮食谱中，制香艺人也将干桂花用作香料合香。分析传承下来的桂花香方，又可将此方分为两类：一类是模拟桂花香气，一类是使用天然桂花来提香。比如《智月木犀香》就是前者，所谓模拟，即香方中没有天然桂花的成分，熏烧后香气中却有桂花盛开时的香韵。而吴彦庄木犀香则含有桂花的成分，与其他香料依照香方合和。

“冬室密，宜焚香；夏室敞，宜垂帘。焚香宜供梅，垂帘宜供兰。”这是《幽梦续影》里的一句话，该书承继清初张潮的《幽梦影》，是体现传统文人审美的清言小品文集。

“冬室密，宜焚香”，冬天寒冷，门窗常闭，空气流通不畅，气息不宜人，这个时期应该多焚香，一来净化空气，二可美化空间，营造氛围，这就是朱锡绶推崇冬日焚香的初衷。在传统生活中仅仅焚香还不够，尚需插花相衬，“焚香宜供梅”，冬日梅花盛开，有蜡梅、江梅等数品种，花期有先后，整个冬季皆有梅花花枝可用，修一两枝供瓶，别有风味。

用香在时空上有鲜明的特点，除了一日的作息和季节的变换，地理环境改变对用香亦有影响。清代大儒阮元（1764—1849），为“三朝阁老，九省疆臣”，他仕宦特达又不废学问，是著名的经学家、训诂学家。阮元为政的地方比较多，主要为浙江、江西、河南、湖北、广东、广西、云南、贵州等地，他的日常行坐用香事迹从更广阔的视角向我们展现了香熏的魅力。

阮元最为大家津津乐道的风雅之事是他的“茶隐”，他以此为“终身之局”。《正月二十日学海堂茶隐》中“地偏心远聊为隐，海阔天空不受遮”之句是他对“隐”的阐释，《桂林隐山铭》中“士高能隐，山静乃寿”之句则是他对“隐”的追求。对中国传统读书人来讲，自宋以来烧香便与点茶、插花、挂画共同作为文士日常修为的“四般闲事”。正是这些“闲事”，让传统读书人在坚守儒家入世态度之时，依然有身处山林的大隐情怀。焚香是“四般闲事”之首，是阮元素雅的生活方式之一，与此相关的香器遗存与用香记载众多，现仅从阮元的诗作《焚香》来观其“一日小隐”之堂奥。

《焚香》收录在阮元个人文集《揅经室续集》第七卷中，难得的是这首诗的阮元行书真迹至今保存完好，目前收藏于国家博物馆。《焚香》全诗如下：

岭气已郁蒸，海气复咸湿。
城居岭海间，那不愁厌浥。
况是春气早，细雨泄云汁。
久坐尚无闻，所苦出复入。
拂茵醭已浮，揽衣腥更袭。
年来脚受病，颇困行与立。
碍雨胫同润，帘霉鼻恶吸。
快掇熏炉来，爇炭呼火急。
海南香尚多，价贱用易给。
速结初试拈，沉水亦可拾。
斑轻飞鹧鸪，涎重起龙蛰。
遂使一室中，燥气满相裛。
且读叶香谱，漫翻脚气集。

根据《阮元年谱》推断，《焚香》作于阮元从两广总督调任云贵总督期间，所描绘的是在广州生活的情形。全诗对岭南湿热环境中用香的情形刻画得非常细腻。诗的前部分主要描述当时两广地区的环境气候和自己寓所的情况，我们知道两广地区深受岭南溽热和海风湿气影响，早春时气温高，连日阴雨使得房屋、坐具潮湿，居室中腥气、霉气扑鼻。阮元又有多年足疾，常常“足发湿热，疾不能步”，要知道阮元作此诗时已过花甲之年，身处重湿之地，身体状况更是不堪。纵观阮元的一生，我们往往只注意到他仕途得意的一面，却不知其超于常人的身心付出。

此情此景，做了近十年两广总督的阮元又是怎样应对的呢？“快掇熏炉来，爇炭呼火急”，阮元想到的是焚上一炉香，要烧香必须先摆设好香炉，而且是带盖的香熏炉。点火烧炭，用来在熏炉中焚爇香料，诗句中“快”与“急”生动描绘了作者此时的心情。待安置好熏炉，备好香炭，那么所用的香料是什么呢？“海南香尚多，价贱用易给”，所用香料为海南香，这里的海南香特指海南岛所产的沉香。此句说明在清朝中后期，海南沉香的种植量和采集量应该非常大，价格低而获取方便，尽管当时广州是国际香料贸易港口，来自南亚、东南亚的沉香大量输入，同时期东莞地区所产的沉香量也非常大，且因品质高被选为贡品，但阮元舍近求远独喜海南香，而且一次使用了三种海南沉香，分别是“速结”“沉水”和“鹧鸪斑”。

这里的重点是海南沉香。自北宋苏轼、黄庭坚以来，海南香一直受到各阶层的推崇。阮元在岭南独独选用海南沉香来焚烧，不仅是因为缪希雍（约1554—1627）在《神农本草经疏》中将沉香列为“香燥药”，认为其具有醒脾化湿、祛寒湿、杀虫灭菌之功用，同时海南香的香氛有别于其他产区的沉香，以味清烟润气长为主要特点。这正是千百年来制香艺人钟爱海南沉香的原因，宋朝文士张邦基在品评自制的以海南香为主的“鼻观香”时有言，“有一种潇洒风度”，而这种潇洒正是海南香所代表的优裕和超脱的心境，“隐”从中来。当然阮元在《焚香》中描写的用香场景主要是香熏，而不是品评，香熏会直接以沉香原材来焚爇，主要取沉香作为中药的特性。

“且读叶氏谱”中的“叶氏谱”指的是宋代叶庭珪编写的香书《南蕃香录》，可惜原著已经失传，只有部分内容保留在陈敬所编纂的《新纂香谱》中。但至少我们可以肯定，在清道光时期，此书还被士人收藏流传。汇集、收藏香谱类书籍对传统文士来讲如同焚香一样很是普遍，我们知道阮元一生以整理、刊刻、收藏图书为己任，所以他的许多任职之地都有自己的藏书处，比如琅嬛仙馆、擘经室、节性斋等，阮元在家乡扬州的藏书处就是文选楼。《文选楼藏书记》是阮元所编的扬州藏书目录，通过《文选楼藏书记》，我们可以了解到大儒阮元著述编刻所依托的藏书范围和结构。文选楼对香谱类书籍就有诸多收藏，其中包括宋叶庭珪的《海录碎事》刊本二十二卷、宋范成大的《桂海虞衡志》抄本一卷、宋元之际陈敬的《新纂香谱》抄本四卷、明周嘉胄《香乘》刊本二十八卷等。其中《新纂香谱》和《香乘》都是香学专著，《新纂香谱》记录了燔柴嚆矢到元初用香诸事的情形，见证了宋代鼎盛的香文化，集元以前香学之大成。《香乘》成书于明崇祯十四年，共计二十八卷，此书是中国香文化的鸿篇巨制，是东亚香界的考据经典，文选楼所藏版本为刊本，而《桂海虞衡志》和《新纂香谱》皆为抄本，显得更为难得。阮元收藏众多香谱类书籍，从一个侧面反映其对焚香诸事的热衷。

阮元《焚香》长诗的时间点是初春，反映了人们在湿热南方用香的特定场景和方式，同时此诗还有另外一层重要的的意义，即焚香对士人身心有诸多裨益。我们知道“香癖”黄庭坚命运多舛，《题自书卷后》记载他租住城外市集中，“既设卧榻，焚香而坐，与西邻屠牛之机相直”，黄庭坚在一炉香所带来的宁静和清澈中保持“灵台湛空明”，直面一次又一次的贬谪而不失高洁之志！对生长在扬州的阮元来讲，他数十年作为疆臣，在清慎持躬时肯定会面对诸多困扰，一炉香起，在身心的慰藉中舒清致情怀，进则庙堂，退则山林，成为一代文宗。

焚香待月

对于传统读书人来说，用香又有独特的情形，含有油米之外的精神生活因素，但又不同于文会雅集，我们称之为燕居焚香。燕居焚香，是香学的世界，人们正是通过这样的日常，走进自己的内心，提炼精神，激发灵感，建树自己。很多燕居日常，比如“待月”“听雨”等，这些平常司空见惯的情形，只是自然现象而已，人们正是通过体悟一草一木，感知日月光华的变幻，理解人与自然和谐共生的法则，从而将日常生活提点出境界美感来，正如《中庸》所云：“致广大而尽精微，极高明而道中庸。”香在这个过程中扮演着重要的角色。

清代剧作家黄图珌（1699—1752）在《看山阁闲笔》第十四卷有：

> 秋夜新凉，桂香浮动。淡施膏沐，素整衣裳，烹白云源头之活水，选蒙阴山顶之名茶，设异香一炉，具幽琴七弦，携榻就西轩之下，坐以待月。盘桓良久，但见东山绝顶一轮明月悠悠破云而来，其清冷之气直射轩窗，不觉月色并容光飞堕于炉香琴韵间也。

这是典型的描写焚香待月的风雅场景。我们知道，进入农历八月的中下旬后，天黑不见月亮，月亮升起的时间越来越迟，有“十七、十八，天黑摸瞎”“二十整整，月出一更”的说法。所以在天黑与月出之间，人们安排等待月升的活动，叫待月。中秋前后，天高气爽，桂花盛开，是待月的良辰吉日，在赏桂、弄琴之时，焚上一炉香，以待明月。由此可见，待月需要天时、地利、人和，这里涉及时令、环境、人文等众多要素，最关键的是待月之人的那份敬重自然的心胸。“淡施膏沐，素整衣裳”，再耐心等待月亮的升起，从而有“悠悠”“清冷”

“直射”这样切身体验，必然酝酿着文思灵感，而这一切，离不开一个“待”字，是琴声悠悠、香气氤氲中的期盼，最后“飞堕于炉香琴韵间也”，人文与自然的和谐共鸣。

与焚香待月最早的关联记载为徐铉的“伴月香”：

> 徐铉或遇月夜，露坐中庭，但爇佳香一炷。其所亲私，别号伴月香。

在传统社会，还有“焚香拜月”“焚香祷祝”等风俗，《红楼梦》中就有贾府中秋待月的描写：

> 贾母笑着说：“此时月亮已上来了，咱们且去上香。”说着，便起身扶着宝玉的肩，带领众人齐往园中来……真是月明灯彩，人气香烟，晶艳氤氲，不可名状。地下铺着拜毡锦褥，贾母盥手上香，拜毕，于是大家皆拜过。

贾母待月亮升起时，带领众人拜月，这是中秋节中国传统的祭月。《红楼梦》还特意提到了在赏月时凡桌椅形式皆是圆的，特取团圆之意。

类似的意象在中国其他传统艺术形式中亦有表达。在中国传统画作中，经常有仕女拜月、烧夜香的形象，其实这类典故出自元代《三国志平话》和元杂剧《锦云堂暗定连环计》。其中《锦》剧第二折《梁州第七》和《隔尾》原文为：

> 【旦儿云】……如今月明人静，不免领着梅香，后花园中烧香走一遭去……
>
> 【旦儿云】梅香，将香来者。

【梅香云】姐姐，请上香咱。

【旦儿云】池畔分开并蒂莲，可堪间阻又经年。

鹣鹣比翼难成就，一炷清香祷告天。

妾身貂蝉，本吕布之妻，自从临洮与夫主失散，妾身流落司徒府中，幸得老爷将我如亲女相待。争奈夫主吕布，不知下落，我如今在后花园中烧一炷夜香，对天祷告，愿俺夫妻早早的完聚咱。

柳影花阴月半空，兽炉香袅散清风。

心间多少伤情事，尽在深深两拜中。

【梅香云】我替姐姐再烧一炷香。天那，俺曾听的有人说来，道是人中吕布，女中貂蝉。不枉了一对儿好夫妻。若能得早早成双，可也拖带梅香咱。

这是元代貂蝉的原型，与明代小说《三国演义》中的形象有别。元杂剧中的貂蝉拜月，是祈祷自己与夫君吕布早日团圆，这也是后世画作中貂蝉焚香拜月形象的原型。文中所用香炉为“兽炉”，即外形为瑞兽的香炉，比如狻猊等。“兽炉”为带盖熏炉，元代所用香品形态基本为香丸、香饼或香条，也符合兽炉的设计特征，“一炷”也说明了这一点。“月明人静”是拜月的场景，晴夜方能拜月。

“烧夜香”，不仅是仕女的形象，也是很多士人的日常，除了上述的徐铉“伴月香”，在《宋史·赵抃传》记载：

抃长厚清修，人不见其喜愠……日所为事，入夜必衣冠露香以告于天，不可告，则不敢为也。

赵抃（1008—1084），字阅道，谥号清献，北宋中期名臣。宋神宗称赞他：

"纯明不杂，金玉自昭，至行足以美俗，雅材足以经世。"赵抃是北宋有名的清官，"以清德服一世"。赵抃每天"夜必露香以告于天"，所谓"露香"即在天井、庭院等场合中焚香，与徐铉的"露坐中庭"同义。赵抃的夜焚香，是在清芬中，敬天思量自己日间所为，以中正自律。所以后世"清献焚香""焚香告天"等的艺术创作题材，皆取赵抃用香故事。同时赵抃亦热衷制香，并有香方传承到现在，比如"赵清献公香"，此香以檀香、乳香和玄参为主要合香材料，其中以玄参的分量最大，这在传世香方中极为少见。作为传统中药材，玄参的主要功能是滋阴降火、解毒散结，赵抃以此为"君香"，当是为自己谱写的专用香。

清张潮在《幽梦影》中总结了赏月之法："皎洁则宜仰视，朦胧则宜俯视。"无论仰视还是俯视，皆需立足高处，所以会有"月亭"这样的建筑。一园之中，"月亭"往往最高，一般构筑于假山之上，或置于开阔处，比如扬州古典园林何园的怡宣楼赏月处、瘦西湖小金山东侧临湖的"月观"赏月处等。古人往往在亭边屋侧植有桂树一两株，以待花期，有焚香赏月之雅。

烹茶焚香

明末文学家、藏书家徐𤊹在《茗谭》中有一段关于茶与香的论述：

> 品茶最是清事，若无好香在炉，遂乏一段幽趣；焚香雅有逸韵，若无名茶浮碗，终少一番胜缘。是故，茶、香两相为用，缺一不可。飨清福者，能有几人?

品茶和焚香，作为两件文事，品的是"名茶"，焚的是"好香"，在茶水中品出滋味，在香韵中嗅得真味，两者都是鉴赏的功课，是果腹之外的清事。故而在书斋、静室的案上几侧，茶、香常常会同时出现，相得益彰。品茶和焚香相衬的场景，大量出现在诗文、书画等作品中，比如在陈继儒的《小窗幽记》中，就有“焚香煮茗”“一瓯茶、一炉香”“烧清香，啜苦茗”“焚香啜茗”等细致描写，这已经成为士人清致生活的意象。茶有季节和产地，香有时辰和场合，能将茶香两事搭配适宜，也是一门功夫。

烹茶的过程有无尽之幽韵，综合了味觉、听觉、视觉、嗅觉的重要感官之娱，与焚香有诸多通感。如罗廪在《茶解》中所言：

> 山堂夜坐，手烹香茗，至水火相战，俨听松涛。倾泻入瓯，云光缥缈。一段幽趣，故难与俗人言。

这种通过烹茶而获得的细腻感受，成为士人鉴赏茶品、体味茶韵的重要部分，整个过程，如同焚香中的作篆、观烟、入香境的种种体验和感悟。同时茶品亦如香品，以清致为上，两者皆是士人内在精神的外在寄托。

至明代，烹茶同焚香一样，亦有类似静室、斋房的独立的茶事空间，成为园林构建重要的考量内容。茶室，源自寺院的茶寮，选址多为高燥明爽的静僻之地。通过对比宋代刘松年的《撵茶图》和明代文徵明的《品茶图》，可见茶室的构建至明代已经很成熟，即煮水与品茶的空间是分隔独立的。我们知道烹茶煮水要借助炭火，炭火在焚燃过程中会产生不洁烟气，影响品茶，独立空间对茶叶的品评大有裨益。

用香于四时，品茶亦不论季节。明屠隆在《茶说》中有：

> 若明窗净几，花喷柳舒，饮于春也。凉亭水阁，松风萝月，饮于夏也。金风玉露，蕉畔桐阴，饮于秋也。暖阁红垆，梅开雪积，饮于冬也。僧房道院，饮何清也。山林泉石，饮何幽也。焚香鼓琴，饮何雅也。试水斗茗，饮何雄也。梦回卷把，饮何美

也。古鼎金瓯，饮之富贵者也。瓷瓶窑盏，饮之清高者也。

意象思维是审美意识，是美感形成的根源。至明代，茶、香同韵的特质为人们所喜，进而推出诸多“四般闲事”的个人感悟来。不同的感悟总结，总会将“焚香烹茶”列为不可或缺的一项，比如北宋养生家陈直在所著的《养老奉亲书》之《述齐斋十乐》中就归纳了十项怡情养生的方法：读义理书，学法贴字，澄心静坐，益友清谈，小酌半醺，浇花种竹，听琴玩鹤，焚香煎茶，登城观山，寓意弈棋。

同时茶香两相为用频繁出现在文士交游和雅集的场合中，郑燮在《仪真县江村茶社寄舍弟》有：

江雨初晴，宿烟收尽，林花碧柳，皆洗沐以待朝暾；而又娇鸟唤人，微风叠浪，吴楚诸山，青葱明秀，几欲渡江而来。此时坐水阁上，烹龙凤茶，烧夹剪香，令友人吹笛，作《落梅花》一弄，真是人间仙境也。嗟乎，为文者不当如是乎！

此封家书写于雍正十三年，当时郑燮为迎接举人考试在镇江焦山闭门苦读，余暇时应友人许既白邀请渡江游览仪征。在雨后初晴的江边美景中，郑板桥与好友文聚于江村茶社中，“烹龙凤茶，烧夹剪香”，听悠扬笛声，“真是人间仙境也”。好茶令人心神俱爽，名香使人身处清致之境，如果说诗文创作需要灵感，好香与名茶就是不可或缺的铺垫。清初王渔洋在扬州举行“虹桥修禊”，当时的场景就是“击钵赋诗，香清茶熟，绢素横飞”，一壶茶，一炉香，酝酿出万般诗情画意。

雅集要焚香烹茶，文士在日常生活中更是香茶为伴。清代参与纂修《明史》的乔莱（1642—1694）有别业纵棹园，清初学者潘耒（1646—1708）在《纵棹园记》中记述了乔莱的日常："君家去园不半里，每午餐罢，辄刺船来园中。巡行花果，课童子，剪剔灌溉，瀹茗焚香，扪松抚鹤，婆娑久之而后去。"南京博物院收藏了禹之鼎的人物画作品，其中就有乔莱系列，《乔莱书画娱情图》是其中一幅，描绘的是乔莱的清雅生活，作品中的香器和茶具反映了清初人们的生活方式、审美趣味以及时尚风潮。

同时在传统制香工艺中，茶常常出现在香方中，根据《香乘》的记载，《韩魏公浓梅香》有："腊茶末一钱……取腊茶之半，汤点澄清调麝。"《宫中香》有："檀香八两，劈作小片，腊茶浸一宿……"

从以上两则香方可见，茶入香不是直接使用，而是用"汤点澄清""腊茶浸"的方式，即取用茶水。因为茶叶多性凉，对于燥性香料是非常好的炮制辅材，比如以上香方中对麝香、檀香的修制。

明初朱权在所编《臞仙神隐》卷二记载有"脑子茶"，是一种以香窨茶的方法："先将好茶研细，薄纸包梅花片脑一钱许，于茶末内埋之，经宿，汤点则有脑子气味，极妙！"即在烹茶前一天，将龙脑用纸包好埋进茶叶细粉中，则可增加茶叶清凉口感，这是一种"窨"的工艺，现在福州地区制作的茉莉花茶，采用的就是这种手法。

焚香与品茶，这两种雅事的恰当组合，很讲究法度，而主事者的处理又各不相同。不是简单地将茶具、香器共列一桌，边喝茶边焚香就能了解此中深意的。明高濂有言："啜茗味淡，一炉初爇，香霭馥馥撩人。"聚而品茶，总归有寡淡少趣时，这时添上一炷名香，扑面而来的氤氲香气，重新唤起人们的些许兴致来，这就是对烹茶与焚香恰当应用的一种解读。

听雨焚香

雨是中国古典文学中出现时间最早、使用频率最高、文化内涵最丰富的意象之一。以南宋诗人陆游（1125—1210）为例，其《剑南诗稿》中收录的涉雨诗歌达一百余首，其自评“吾诗满箧笥，最多夜雨篇”。陆游所作《即事》一诗中有“语君白日飞升法，正在焚香听雨中”，描绘的即雨中焚香的独特场景。放翁此雨中焚香的行止为近代诗人闻一多（1899—1946）所推崇，在他的意念里将其总结为“欲知白日飞升法，尽在焚香听雨中”，他认为这是东方人特有的妙趣。

“焚香听雨”之所以演变成人们细腻的生活方式之一，是因为雨天焚香有诸多独特之处。一是在阴雨天气，空气湿润，使得焚香烟火气降低，芳香气息越发甜润纯净，即同一款香在干燥的空间和湿润的空间所带来的嗅觉体验是有区别的，后者的体验更美好；另一方面，我国长江中下游地区有梅雨季，需要焚烧特定的香品以祛湿除霉，是为节气用香，为政岭南的阮元作《焚香》长诗，亦是雨季用香传统的写照。

屈原的《离骚》开创了“香草美人”这一人文意象，让文学与自然达到完美的契合，这一观世界的方法一直为后世所效仿。落雨是一种自然现象，人们通过各种雨的形象来抒发自己的情绪，让情与景交融。一年四季中，除了晴天，或雨，或雪，或霜，或冻，对古人来说，这是无法顺利出行的天气，这个时候闭户居家，焚香成为生活调节的内容，比如米芾在《焚香帖》中有：“雨三日未解，海岱只尺不能到，焚香而已……”

陆游的“白日飞升”本是道家修炼故事，道教谓人修炼得道后，乘云驾鹤飞升天界成仙，诗文常以此来指代生活中最难得的身心超脱境界。雨时焚香有身在尘外的乐趣，雨天不同于其他的天气，有缓急的声响，空气湿度亦大，窗牖紧闭，这个时候焚上一炷香，香清气润，炉烟直上，传来的或雨打芭蕉之声，或茅檐滴水之响，时而闭目听雨，时而鼻观烟气，人神俱释，如入“飞升”之境。

陆游在《雨夜》诗中又有“少年乐事消除尽，雨夜焚香诵道经”之句，可见雨时焚香在宋人生活中随着年龄不同而有不一样的感知体悟。宋元之际的蒋捷（1245—1305）有词《虞美人》：

少年听雨歌楼上，红烛昏罗帐。壮年听雨客舟中，江阔云低，断雁叫西风。

而今听雨僧庐下，鬓已星星也！悲欢离合总无情，一任阶前点滴到天明。

在蒋捷的词中，自己年少的欢场冶游，中年羁游行役，晚年则避世僧庐，回顾一生，都围绕着“听雨”重温、展开。蒋捷生活的年代已经是南宋末年，对“听雨”的感悟是沿袭陆游的“少年乐事消除尽，雨夜焚香诵道经”，更为悲慨。

陆游崇道有其家族渊源，自其高祖陆轸梦中受炼丹辟谷之术到父亲陆宰多结交方外之友，使得其家多藏道书。陆游在《读老子次前韵》中有“焚香读书户常闭”“少年曾预老聃役”句，可谓耳濡目染。焚香在陆游的少年时代便是其伴读方式，这使得他的涉雨诗文作品多写焚香，以此表达老庄思想，《雨夕焚香》中有“芭蕉叶上雨催凉，蟋蟀声中夜渐长。缗十二经真太漫，与君共此一炉香”，将雨打芭蕉、秋日蟋蟀鸣叫等听觉感知与一炉香的嗅觉体验融于秋雨之中。

明中期文学家杨慎（1488—1559）有一首六言——《雨中招杨伯清》：

禁酒停歌罢笑，
听雨焚香煮茶。
欲借陶公木屑，
共散维摩天花。

杨慎接应杨伯清，无酒无歌，只相对煮茶、焚香、听雨。茶与香随时可以安排，这雨不是说有就有，算是应景之选。可见焚香听雨这样的风雅事，不仅仅是一个人的独享经验，还是人们用来交游的一项内容。比如陈继儒在《太平清话》中就列有二十项“一人独享之乐”，包括焚香、试茶、洗砚、鼓琴、校书、候月、听雨、浇花等，焚香与听雨同为私事，而对杨慎来说听雨焚香也是不错的士人交游的风雅。“陶公木屑”是杨慎自嘲俭省，却也有深意，即“共散维摩天花”，实是一场心灵飨宴。

明代高濂在《遵生八笺》有《论香》篇，对听雨焚香时所用香品有特定要求：“蕴藉者，坐雨闭关。”蕴藉气韵的香品，可以用在听雨的场合，而蕴藉气韵的具体香品高濂也有交代：“玉华香、龙楼香、撒馥兰香，香之蕴藉者也。”玉华香、龙楼香和撒馥兰香皆是和香，在《遵生八笺》中有详细记载，香方以沉、檀为主，比如玉华香的香方为：

> 沉香四两，速香（黑色者）四两，檀香四两，乳香二两，木香、丁香各一两，郎胎六钱，唵叭香三钱，麝香、冰片各三钱，广排草三两（出交趾者妙），苏合油五两，大黄、官桂各五钱，金颜香二两，广零陵（用叶）一两。右以香料为末，和入苏合油揉匀，加炼好蜜再和如湿泥，入瓷瓶，锡盖蜡封口固，烧用二分一次。

此为大方，所用香料有十六种，以沉香（沉香、速香）为主香，所用的黏合剂为炼蜜，合和之后的香品需要装瓶窨藏。在焚爇时取少许，制成香丸、香饼或者香条，然后借助炭火加热，必要时还需用专门的隔火片，这样的妙处是只取香芬，没有烟气干扰，适合封闭狭小的空间。

除了蕴藉气韵的香品适合雨天使用，还有去湿防霉功用的一类香品。特别是长江下游地区，进入农历的五月份之后会有阴雨连绵的梅雨季，需要特定的香来调节室内空气。焚香时所散发的烟气可以弥漫房屋的每个角落，对于储书较多的书房、斋室来说，更需要在多雨时节多焚这一类香了。《香乘》所载的《远湿香》等香方具有此类功能，所谓“此香燥烈，宜霉雨溽湿时焚之妙”！

我们一般是从美学的角度去认识古人的焚香听雨，其实这又与我们的传统民俗有关。在古代社会，遇到急雨雷电的天气，认为是有飞龙在附近，需要闭户关窗，然后默坐屋中，焚香祷告，如果是行旅中人则更要停车泊船。陶弘景在《真诰》中有："人在家及外行，卒遇飘风、暴雨、震电、昏暗、大雾，皆诸龙神经过，宜入室闭户，焚香静坐避之，不尔损人。"这样的民间习俗是深入人心的，士人们将"焚香听雨"提点了出来。

红袖添香

科举制度开创后的千余年里，书房用香成为读书人每天的日常，上至宋代皇太子读书处，下至平常百姓家的一方书桌，都离不开一炉读书香。明代文学家、画家文震亨（1585—1645）在《长物志》中将香炉列为陈设的首要，突出香气对于读书的重要性。

《香乘》记载了很多书房用香的方子，比如《窗前醒读香》《资善堂印香》等，"窗前醒读香"是"读书时若有倦意，焚烧此香，便可神清气爽，不思睡眠"，"资善堂印香"中的资善堂，则为宋皇子读书处，宋代仁宗皇帝始置，此香的香方为印篆香方，可见最初用于礼佛的印篆香在北宋前期已经在书房中成熟使用了。书房所用香制品，基本的功用是清神醒脑，启迪文思，正如明代毛元淳在《寻乐编》中所言："早晨焚香一炷，清烟飘翻，顿令尘心散去，灵心薰开，书斋中不可无此意味。"

香炉为焚香之器具，传统书房香炉的陈列有一定规范。冯梦龙（1574—1646）在小说集《醒世恒言》第三十卷有一段对书房用香的具体描写：

> 这书室庭户虚敞，窗槅明亮，正中挂一幅名人山水，供一个铜香炉，炉内香烟馥郁。左边设一张湘妃竹榻，右边架上堆满若

干图书。沿窗一只几上，摆列文房四宝。

这里的香炉与挂画成一景。画前有香案，与书房门相对，案上置香炉，炉中香烟不竭。香案两边各置竹榻和书架，书桌则沿南窗摆放。可见书房中用香，无论香的烟气还是香器陈设，更多的是营造一种沉静的氛围。

书房总是与攻读进取分不开的，读书人为博取功名，必然要经历十年寒窗的磨砺，而书房专用的香有提神醒脑、启迪文思的基础功用，所以焚香与读书总是如影随形。如果有“红袖”在侧，贴心添香，也是辛苦攻读之中的风雅事。其实根据科举考试的实际情况，深夜能披衣添香的更多是读书人的妻子。由于科举考试没有年龄的限制，传统社会嫁娶年龄又低，根据明代《进士登科录》的记载，考中解元进士的平均年龄有32岁多，基本已经成家。读书须有香为伴，在一个家庭生活里面，往往是妻子成为“添香红袖”。

根据宋代宗室赵彦端（1121—1175）所写的《鹤桥仙·送路勉道赴长乐》：

留花翠幕，添香红袖，常恨情长春浅。南风吹酒玉虹翻，便忍听、离弦声断。

乘鸾宝扇，凌波微步，好在清池凉馆。直饶书与荔枝来，问纤手、谁传冰碗。

词中“添香红袖”即“红袖添香”，这是较早期提出红袖添香的文学作品。“添香”是炉中的香气变淡将熄，需要更换添置香品。在传统生活中，香炉中炭火常温，香气亦不断，因此古人总结了很多方法让香炉中的炭火长用不灭，夸张的是一年中只有寒食节才可以熄火。寒食是我国古代的一个重要节日，旧俗以冬至为起算点，过一百零五日即为寒食，恰在清明前二日。寒食节期间，家户里不能生火，只能吃提前准备的冷食。秦观在《春日五首》之四有“满院柳花寒食后，旋钻新火爇炉香”之句，正是此意，寒食刚过就爇炭热炉，可见焚香是如同呼吸般重要的日常。储炭、烧炭、移炭皆需要特殊的器具，存储香品有各种香罐、香奁、香盒，承放香炉的香几亦是林林总总，所以焚香不是普通的日常，有精致的考量。

“红袖添香”是中国古典文学中一个很隽永的意象，就如同“斜倚熏笼坐到明”一般，为人们所津津乐道。清代席佩兰（1760—1829）有《寿简斋先生》长诗，是为其为老师袁枚所作的贺寿诗，其中有：

万里桥西野老居，五株杨柳宰官庐。

绿衣捧砚催题卷，红袖添香夜读书。

后世将“红袖添香夜读书”演化为“红袖添香伴读书”，更多强调文士苦读时焚香之事的不可或缺。《遵生八笺》中将温润气韵的香品作为伴读之香，“温润者，晴窗拓帖，挥麈闲吟，篝灯夜读，焚以远辟睡魔，谓古伴月可也”。无论是拓帖、吟诵、夜读，皆需要用温润香品，“越邻香、甜香、万春香、黑龙挂香，香之温润者也”，皆是以清神为主要功用的和香方。

根据高濂所录万春香香方：

沉香四两，檀香六两，结香、藿香、零陵香、甘松各四两，茅香四两，丁香一两，甲香五钱，麝香、冰片各一钱，用炼蜜为湿膏，入瓷瓶封固，焚之。

书房用香有多种，有的为驱虫，有的为去除霉湿，而更多用于醒神开智。书房香同听雨、待月、操琴、烹茶等场合所用香有诸多不同，因为这是读书人的日常，所以在选择或构建书房时，会考虑环境元素，比如书房朝向、窗牖的配置、前后树木的选择，其目的是考虑采光、通气、干湿，而这亦是焚香需要考虑的空间因素。

焚香伴读的场景似乎离我们很远，但直到近代，这类素材依然出现在各类艺术创作中，比如画家谢之光有数量可观的此类题材的创作。谢之光（1900—1976）为浙江余姚人，毕业于上海美专，他创作的焚香伴读和焚香拜月题材的作品众多，传世的有《红袖添香夜读书》等。画面基本类同，都是书房灯下，文士端坐阅卷，有女子侧立于书桌旁，左手挽袖，右手取香添炉，不过构图和谐，多有夫唱妇随的伴读意味，这可能也与谢之光此类作品多用于礼赠有关。

烟赏之尚

徐渭（1521—1593）是明代中晚期著名的文学家、戏剧家和书画家，青藤画派鼻祖，与解缙、杨慎并称“明代三才子”。徐渭留心香学，写有《香烟》诗七首，生动展现了焚香时的烟气魅力。全诗为：

谁将金鸭衔侬息，我只磁龟待尔灰。
软度低窗领风影，浓梳高髻绾云堆。
丝游不解黏花落，缕嗅如能惹蝶来。
京贯渐疏包亦尽，空余红印一梢梅。

午坐焚香枉连岁，香烟妙赏始今朝。
龙拿云雾终伤猛，蜃起楼台不暇飘。
直上亭亭才伫立，斜飞冉冉忽逍遥。
细思绝景双难比，除是钱塘八月潮。

霜沉欗竹更无他，底事游魂演百魔。
函谷迎关僝紫气，雪山灌顶散青螺。
孤萤一点停灰冷，古树千藤写影拖。
春梦婆今何处去，凭谁举此似东坡。

薝葡花香形不似，菖蒲花似不如香。
揣摩范晔鼻何暇，应接王郎眼倍忙。
沧海雾蒸神杖暖，峨眉雪挂佛灯凉。
并依三物如堪捉，捉付孙娘刺绣床。

说与焚香知不知，最堪描画是烟时。
阳成罐口飞逃汞，太古坑中刷袅丝。
想见当初劳造化，亦如此物辨恢奇。
道人不解供呼吸，闻香须臾变换嬉。

西窗影歇观虽寂，左柳笼穿息不遮。
懒学吴儿煅银杏，且随道士袖青蛇。
扫空烟火香严鼻，琢尽玲珑海象牙。
莫讶因风忽浓淡，高空刻刻改云霞。（右香筒）

香毬不减橘团圆，橘气毬香总可怜。
虮虱窠窠逃热瘴，烟云夜夜辊寒毡。
兰消蕙歇东方白，炷插针牢北斗旋。
一粒马牙聊我辈，万斤龙脑付婵娟。（右香毬）

徐渭通过《香烟》组诗，把焚香烟趣描绘得出神入化，是中国香文化发展以来对烟气理解最深刻者。“直上亭亭才伫立，斜飞冉冉忽逍遥”“阳成罐口飞逃汞，太古坑中刷枭丝”等皆为奇语，可见作者对香烟之赏沉浸之深。相比较对香芬的体悟，徐渭更重烟气，“说与焚香知不知，最堪描画是烟时”，焚香观烟才是最美妙的文事。

艺术的发展总有源头活水，明代焚香尚烟可以从汉代博山炉文化中找到脉络。人们在生活中用香，开始更多的是考虑驱虫辟疫和空间芳香，随着汉代神仙思想流行，人们追求长生不老而向往海岛仙山。神仙所居的海岛仙山，在人们心目中是香雾缭绕的世界，而焚香所产生的自然灵动烟气最能表达此意境。当时制炉工匠为迎合此风，对香炉造型进行了设计、改造，当然这背后一定有汉室宫廷的支持，比如汉武帝对香的热衷。西汉时期博山炉设计的重要特征是将炉盖设计成立体山峦的形状，这种近乎圆锥体的设计在汉文化中是极其少见的，目的就是使得香炉出烟时能够呈现出仙山的情景，这就需要在山峦形状的基础上，还要考虑出烟孔窍在炉盖四周的分布，使得香烟舒曼萦绕。

可以说汉代博山炉文化首次将用香引到视觉场景的追求上来，更注重境界的营造。后世之所以称博山炉为香炉之祖，很大的原因是其注重烟气表达的设计奠定了后世香熏炉器的出烟工艺。唐代的大型鎏金银香炉、宋代的瑞兽形瓷香炉、明清各类香熏炉等皆注重炉盖出烟功能的巧妙设计，以充分表现炉烟。

后世将焚香所呈现的烟气之美应用到其他雅艺中，比如画事的观烟，操琴时的有形青烟，皆是烟赏习俗长期积累、沉淀的结果。烟气的千变万化带来无穷尽的遐想，浅者见浅，深者见深，只有身临其境，方能识得其中妙处，“炉烟微度流苏帐”“晴窗睡起炉烟直”等诗词中对烟形的描绘，字字引人入胜。

赏烟所带来的艺术影响是多方面的，在古典园林中比较常见的湖石假山，无论是叠石还是文石清供，选材和审美皆与炉烟有关联。《渔阳公石谱》记载米芾赏石法：“元章相石之法有四语焉，曰秀，曰瘦，曰雅，曰透。”依这四个标准呈现的湖石之美，在视觉上是静止的云头，是炉烟所呈献的倒三角升腾状，从而提点出静物的灵动感。有的玩家甚至将香炉置于湖石底部，任炉烟升腾萦回于石之孔窍间，如博山之仙境，赵希鹄在《洞天清录》之《东坡小有洞天》有记：

> 东坡小有洞天石，石下作一座子，座中藏香炉，引数窍，正对岩岫间，每焚香则烟云满岫。

此小有洞天石在苏轼的《双石》诗序中亦有记：

> 至扬州，获二石，其一绿色，冈峦迤逦，有穴达于背；其一玉白可鉴。渍以盆水，置几案间。忽忆在颍州日，梦人请住一官府，榜曰仇池。觉而诵杜子美诗曰："万古仇池穴，潜通小有天。"乃戏作小诗，为僚友一笑。

焚香博古

随着北宋金石学肇兴，世人对赏古、鉴古、藏古、玩古报以前所未有的热忱。这个时期涌现了许多金石学著录，著名者如刘敞的《先秦古器记》、欧阳修的《集古录跋尾》、吕大临的《考古图》、李公麟的《考古图》、王黼等编撰的《宣和博古图》、赵明诚的《金石录》等。这是中国历史上第一次大规模研究古器物的时代，开拓了金石学的领域，自此对古董的鉴赏和收藏成为各阶层热爱的一项艺道，影响着人们的学术兴趣和生活传统。由于香炉器具有传承性和实用性，又是隐几案头不可或缺的物事，所以对香炉器的鉴赏成为雅集活动中重要的内容，具体表现在香席布置上，在历代雅集的纪文和博古类画作中皆有可观记载和描绘。

由于博古对参与者的个人学养要求甚高，须通晓古典艺术、精通古器物等诸多方面，所以“好学博古”“好博古”等评价彰显了士人饱读诗书、通晓古今的学者身份。明陈继儒在《小窗幽记》卷五《素》中有对书斋生活的描绘：

> **余尝净一室，置一几，陈几种快意书，放一本旧法帖，古鼎焚香，素麈挥尘，意思小倦，暂休竹榻。饷时而起，则啜苦茗；信手写汉书几行，随意观古画数幅，心目间觉洒洒灵空，面上俗尘当亦扑去三寸。**

在陈继儒的书房里，“旧法帖”“古鼎”“古画”等皆是良伴，这时“古鼎焚香”，一炷烟中，高古气韵彰显，摩挲赏玩，日日涵养。正如明末文学家范梦章（1587—1644）到访周嘉胄的书房“鼎足斋”时所吟《题周江左鼎足斋中所贮书画古法物》：“摩挲金石人俱古，寝处缈缃梦亦仙。”

明代画家杜堇（约1465—1509）所作《玩古图》描绘了士人赏古的情形，该作收藏于台北故宫博物院。画面中主人安坐，古器陈列，其中赫然有汉代博山香炉，同时身后有仕女正在准备香炉、箸瓶、香盒等焚香器具。与主人相对的为一老者，有人解读该男子为友客，这是欠推敲的，该男子无论是姿态还是神情皆不符合友客的身份，应当是古董器的日常维护者，《遵生八笺》《长物志》等著作对古董养护皆有特别交代，即需要精于此道者来打点，比如藏画“然须得谨愿子弟，或使令一人细意舒卷，出纳之日，用马尾或丝拂轻拂画面，切不可用棕拂”。

古董作为交游内容之一，对嘉宾的要求颇高，又有一定的程式仪轨。董其昌（1555—1636）在《骨董十三说》有言：

> 骨董非草草可玩也。宜先治幽轩邃室，虽在城市，有山林之致。于风月晴和之际，扫地焚香，烹泉速客，与达人端士谈艺论道，于花月竹柏间盘桓久之。饭余晏坐，别设净几，铺以丹罽，

图6　明　杜堇《玩古图》　台北故宫博物院藏

袭以文锦，次第出其所藏，列而玩之。若与古人相接欣赏，可以舒郁结之气，可以敛放纵之习。

赏玩古董要天时、地利、人和，首先选“幽轩邃室”，即一处僻静的清雅所在。其次得待“风月晴和”，即得是晴好风轻的日子。“扫地焚香”“烹泉”，都是待客之道，同时焚香是古董鉴赏中不可缺的氛围营造。“饭余宴坐”，便邀请客人赏古。铺设好“丹罽”“文锦”之后，“次第”出示所藏的古董，“列而玩之”。最后董其昌总结赏玩的要义：“舒郁结之气，敛放纵之习”，达到修身养性之目的。

雅集赏古的画作中将焚香之事与赏鉴结合最妙的，当是明代仇英的《竹院品古图》，此图是《人物故事图册》其一，收藏于北京故宫博物院。经研究，《竹院品古图》主要描绘的是苏轼、黄庭坚、王诜三人鉴古之余的添香场景。其中苏轼、王诜端坐，黄庭坚在书童和侍女的协助下给香炉添加香品。黄庭坚作为北宋香学的主要推动者，其“香痴”的形象已经定格在人们的心中，所以仇英才会有如此的构图安排。正如“啜茗味淡”之时的焚香，此时黄庭坚添香亦是赏古间歇，有醒神舒气之妙。

同时此画作也展现了古代香品的取用手法。黄庭坚以右手拈香（或香饼、香条等）入炉，只是没有左手挽袖的常规动作，是闲适的表现。可见取用香品不需要借助工具，都是净手后拈香，这是最稳妥的方式，因为宋代一般香品为圆形的香丸，要安放在香灰或者隔火片上出香，而香灰松软，隔片不稳当，以手取香是最稳妥不过了。在此，独以取香、添香作为画作主题，可见这一焚香步骤在雅集用香的程式仪轨中非常重要。

所谓“沐手焚香”，一方面是焚香前要净手，另一方指以手来取香品焚爇。同现代用香环境不同，特别是雅集和演艺类的用香活动，往往每一步都不离工具，以致器具繁多，喧宾夺主。台北故宫博物院藏有元人应真像两幅，其中一幅中的罗汉右手持行香炉，一旁有侍者以左手捧香盒、右手持盒盖，由罗汉左手于香盒中取香，手法依然是常见的以食指和拇指来拈香。

两宋之后，焚香赏古之风依然被传承效仿。元代玉山雅集作为江南地区重要的文会，对雅集中的鉴赏焚香多次提及。玉山雅集有记：“以铜博山，焚古龙涎，酌雪水，烹藤茶，出万壑雷琴……”雪后初晴，顾瑛与桐花道人等众友人即兴雅集。器物陈列有博山香炉、万壑雷琴、碧玉箫等，香炉、古琴、洞箫皆为古之珍稀雅物，炉中所爇为古方龙涎，此香可能为新制，所依香方却有传承。所见为前代遗存，所闻为旷古遗音，所嗅为古人所谱气韵，与天地精神相往来。

无论是竹院品古还是玉山雅集，描绘或者体现的都是境界高古的一面，需要必要的条件。借助焚香来鉴赏器物，是一种勘验学问的追求，深得士人青睐。

宣德炉是明清以来最重要的香炉器，对宣德炉的赏玩成为香学最为重要的一项内容。明代炉器的制作相较于两宋风格亦具开创性，尤其铜炉以线条和皮色为审美要点。人们将焚香与鉴古相融合，更加满足了他们格物致知的体物精神、品物进艺的学术追求和燕闲清赏式的品味把玩，体现了古人对于“骨董”的一种体用方式和品味态度，丰富了特定时代的“博古”文化。

“醒”字概括了香的功用，即明屠隆所言“香之为用，其利最溥”，“随其所适，无施不可”。清代王圻在《青烟录》中有进一步总结：

> 香之宜称，曰静坐，曰著作。其于时也，宜春秋佳日，宜冬，宜雪夜。其于地也，宜名山，宜书馆，宜禅榻，宜船舫。其于人也，宜风雅富贵，宜寒素，宜空谷佳人，宜高僧炼师。其于事也，宜筮易，宜读快书，宜讲《太玄经》，看《庄子》，宜临帖，宜烹茶，宜清谈，宜考订金石。其于声也，宜鼓琴，宜吹洞箫，宜敲棋，宜微吟《离骚》及陶渊明诗集，宜檐树间自来鸟，宜捣素。至于花晨月夕、玉管冰弦、皓齿青蛾、舞裙歌扇，或杯盘狼藉，有酒如渑，座上豪客如云，揎袖放饮于烛影摇红之下，此时焚香，非不佳也，却减韵致。

古人以自然界中的众多芳香物制成各种香品，或佩戴，或涂抹，或盥洗沐浴，或焚爇……有诸多生活用途。传统香品的形态又有多种：香丸、香饼、香条、香粉、香囊、香件（香佩）、香膏、头油、线香、盘香、塔香等，其中以香囊的使用历史最为久远，用于印篆香法的香粉有着印度用香文化元素，形态均匀细长的线香与盘香则出现较晚。存世的两宋人物画中多有用香场景的描绘，比如台北故宫博物院所藏宋代《果老仙踪图》，画面中有仕女向香炉中添香，手中所持香制品为粗条状，这已经有了线香的雏形。但直到元明之际，随着高强度黏合剂——榆皮粉的大量使用和制香工具的改良，线香在这个时期才得到广泛使用。绝大部分的香料本身没有黏性或黏性极小，需要借助植物黏合剂来塑形。在榆皮粉成熟使用之前，主要的黏合剂是蜂蜜、枣泥、白芨等，不适宜大规模制作香品。而榆树皮只要剥取得当，可以再生，明初在国内又广泛推广种植，获材容易。榆皮粉的广泛应用，是制香开始作坊化的基础，自此，香生活才真正进入寻常百姓家。

对古人而言，除了作为礼佛崇道祭祀等礼仪用途的香，其他功用的香都可以作为香礼，即以香为手信，相互赠予。这里的香礼不仅指具体的香制品，还泛指人们以香韵鉴赏作交游往来的丰富内容。北宋黄庭坚的《有惠江南帐中香者戏答六言二首》《贾天锡惠宝薰乞诗予以兵卫森画戟燕寝凝清香十字作诗报之》，颜博文的《觅香》等诗文皆反映当时香礼的风尚。此时不仅有香品交流，连香方也是用来分享的，这同后世将香方秘而不宣完全不同，台北故宫博物院所藏《制婴香方帖》正是这一文化现象的难得物证。《制婴香方帖》主要交代了婴香的制作法，包含香料权重和修合法度，文尾有“略记得如此，候检得册子，或不同，别录去”之语，可见此帖是应朋友要求即兴为之，是黄庭坚根据自己的记忆默写而成。此时制香方，如同音乐之曲谱，多在士人间交流，这也是各类香谱能够成功编撰的民间基础。从中我们可以了解到当时人们以香为礼交游的特点，以此管窥宋代异彩纷呈的香学世界。

两宋之际的张邦基在《墨庄漫录》中也记载了一则自己亲历的事：

> 余在扬州，一日，独游石塔寺，访一高僧。坐小室中，僧于骨董袋中取香如芡许，炷之。觉香韵不凡，与诸香异，似道家婴香，而清烈过之。僧笑曰：此魏公香也。韩魏公喜焚此香，乃传其法。

《墨庄漫录》在清乾隆年间被编入《四库全书》，《四库全书总目提要》评价此书为“宋人说部之可观者”。文中的韩魏公就是北宋宰相韩琦，他在庆历五年（1045）至庆历七年在扬州做太守，甚有政声。韩琦后来官至宰相，被宋英宗册封为魏国公，所以世称韩魏公。

宋代是中国香学发展的高峰期，这得益于当时文士阶层广泛深入的参与。他们不但日常处处用香还热衷亲手修合香品，讲究亲自确立香方，从这些具有创造性的和香技法中考量精神生活的风雅精致。与文士关联的和香在南北朝时便有记载，许多源自佛经的香方在中国开始流传，至五代宋初合香之风已经很盛。宋代就有很多香方流传至今，比如《黄太史清真香》是黄庭坚谱写的香方，《赵清献公香》随着赵抃的清廉声誉而广为人知，《韩魏公浓梅香》即由韩琦所谱写。

“韩魏公浓梅香”的香方在《香乘》中有详细记载：

> 黑角沉（半两）　丁香（一钱）　腊茶末（一钱）　郁金（五分，小者，麦麸炒赤色）　麝香（一字）　定粉（一米粒即韶粉）　白蜜（一盏）

修合方法为：

> 右各为末，麝先细研，取腊茶之半，汤点澄清调麝，次入沉香，次入丁香，次入郁金，次入余茶及定粉，共细研，乃入蜜令稀稠得所，收砂瓶器中，窨月余取烧。久则益佳。烧时，以云母石或银叶衬之。

文中的“黑角沉”指沉香，是沉水香中品级高者，即《本草纲目》所谓“香之良者，惟在琼崖等州，俗谓之角沉、黄沉”，“角沉黑润”。这些制香材料不是直接磨成粉就使用的，先要经过恰当炮制化香，比如“黑角沉”的传统炮制过程是：“沉香细锉，以绢袋盛，悬于铫子当中，勿令着底，蜜水浸，慢火煮一日，水尽更添。”香方中香材的计量单位比如“两”“钱”“分”都可以确当换算，而“字”“一米粒”则需要艺香人长期的经验积累，比如“字”就是古铜钱上的一个字，一般以唐“开元通宝”铜钱取量，以填去铜钱的四分之一为度。

炮制好的每种香料再按照香方拟定的比例一一合和，以炼制后的蜂蜜作为黏合剂制作成芡实大小的香丸，讲究的会在香丸上贴饰金箔或银箔，是为“挂衣”，在陈敬《新纂香谱》中有：“如欲遗人，圆如芡实，金箔为衣，十丸作贴。”制好后的香丸需要放进陶瓷罐中，用蜡封好窨藏一段时间。

最为重要的是“乃传其法”，此“法”即合和香品的方法，即我们现在所见到的香方。香方此时是用来交流切磋的，分享交流是这个时期中国香文化最为重要的内容。

借香交游这一风雅传统，一直到近代依然余韵不竭。闻一多与梁实秋（1903—1987）曾经一起留学美国，后来梁实秋在回忆录中记载一段往事：闻一多把一部最心爱的《霍斯曼诗集》和一册《叶芝诗集》作礼物送给梁实秋，梁实秋则送给闻一多一具北京老杨天利精制的珐琅香炉和一大包檀香木、檀香屑。他知道好友最喜欢“焚香默坐”，常把陆放翁的两句诗“欲知白日飞升法，尽在焚香听雨中”挂在口头上。他祝福好友“到纽约‘白日飞升’”。

从梁实秋的这段回忆中可知，闻一多平时喜焚香，他的诗作中就常涉及用香，著名的有《香篆》等。分别时梁实秋送给好友一款珍贵的珐琅香炉和一大包檀香木、檀香屑，说明梁实秋也是位喜欢焚香的人。当时香炉器、香料依然是友人间礼尚往来的手信，具有趣味分享的意思。

在传统社会，除了民间的礼尚往来，官方也会制作香品用于特别场合，其中就包括读书人所钟爱的香件。传统香制品形式多样，既有适合雅集和居家生活焚爇使用的，又有日常佩带以作雅玩的香珠、香牌等，后者就是传统制香艺人所称的香件。

作为雅玩的香件，在江苏扬州有着历史悠久的制作传统。清朝李斗在《扬州画舫录》中有记：“天下香料，莫如扬州。戴春林为上，张元书次之，迁地遂不能为良，水土所宜，人力莫能强也。”这里的“迁地遂不能为良，水土所宜”，更多的是指扬州两千多年的用香传统和独特的制香工艺，即所谓“扬州工”。《扬州画舫录》是清代笔记集，共十八卷，详细记载了乾隆时期扬州的园庭奇观和风土人情，诗人袁枚为此书作序，认为它胜于宋代李格非的《洛阳名园记》和吴自牧的《梦粱录》，评价甚高。扬州制作的众多香件中，以“状元香”最为著名，《扬州画舫录》记载了一则扬州香号制作“状元香”的真人实事：

> 江畹香署山东巡抚时，为乡试监临，以千金与元书制造香料，作汉瓦、圭璧等形，凡乡试诸生，人给一枚。今元书家依其制为之，称为“状元香”。

此文中的江畹香即江兰，清朝官员，工诗文。他在乾隆五十七年（1792）做山东巡抚（护理）时任乡试监考官，在扬州定制了一批香件，制作的香号就是“元书”家，即张元书香号。后来张元书香号将江兰定制的香件发扬光大，以“状元香”之名流行坊间。

这里的“状元香”就是传统的和合香，只是其形态是香佩而不是用于烧爇的香品。和合香又称和香，是根据中药“君臣佐使”“升降浮沉”“七情和合”等原则将多种香料所修合成的香品。周嘉胄在《香乘》第十九卷中载有四十余种“熏佩之香”的方子。“熏佩之香”所用的香料以檀香为主要成分，兼有丁香、甘松、茅香、零陵香等加以润饰，所用香料会根据旨趣和功用的不同有所加减。香品的整个制作流程有选料、化香、合和、窨藏等，合香讲究的是原材道地、众料和谐。扬州“状元香”的造型主要有“汉瓦”“圭璧”等，用相应的模具塑形，即所谓“脱范子”“脱花”。香佩在使用前一般还会进行艺术加工，即施彩画、连缀丝线、编结穗子等，才能“可怀可佩”。

在清朝，乡试是在各省省城举行的科举考试，只有成绩优良的秀才（生员）才能参加，是当时读书人仕途进取的重要途径。江兰以山东巡抚的身份监察试事，并为每位参加乡试的秀才准备了一枚“状元香”，在当时其实是有多层含义的。首先，“汉瓦”“圭璧”等造型是当时文士所追捧的图案，甚至文房器用也多制成此类造型，含有金榜题名、进身庙堂等美好愿望。其次，清代乡试分三场举行，考试的时间是农历八月中旬，天气还比较炎热，所有的考试都在狭小的“号舍”举行，而“状元香”具有驱虫辟疫、清心明目、提神醒脑等诸多功用，对当时辛苦的考生来说是最实用的应试搭档。同时儒家推崇“明德为馨”，《孔子家语》有：“芝兰生于深林，不以无人而不芳。”崇高的品行如馨香之气，让参加考试的儒生们以“状元香”为鉴。所以“状元香”蕴含着中国香文化的养生功用和修身旨趣。

香件中还有一类制品为文士们所钟爱，“置扇柄把握极佳”，这就是扇坠，又称“香扇牌”。明清时期的江南地区，文士们四季手不离扇，这扇就是被誉为“怀袖雅物”的折扇。一把折扇，除了扇骨的选择、扇面的讲究、扇套绣工的取舍，还有一个重要的考量，就是扇坠。当然扇坠的材质多样，其中就有香扇坠。《香乘》中收录有明代制作香扇牌的方子，可见以天然香料制作扇坠的风尚。其方如下：

檀（一斤）　大黄（半斤）　广木香（半斤）　官桂（四两）　甘松（四两）　官粉（一斤）　麝（五钱）　片脑（八钱）　白芨面（一斤）　印造各式。

香件类的香品是用来佩戴把玩的，所以选用的香料皆是常温下即可散发香气的，比如此香扇牌使用的主要香料是檀香，以白芨面作为黏合剂。

第三章

香之构

第三章

香之构

《园冶》云："相地合宜，构园得体。"根据计成（1582—1642）此论断，只有详察原有地形、水脉、树木，才能做到顺应自然，"得景随形"，最终"自然古木繁花"。

《香史》云："焚香必于深房曲室，矮桌置炉，与人膝平……"颜博文认为焚香需要在特定的空间中进行，对房屋、香几等皆有要求，即陆游的"小室仅容膝，焚香观昨非"。

两汉以降，每个时代都有其特征鲜明的用香方式，这与当时的经济发展、文化交流、交通方式、国际贸易、作息习惯等因素相关。用香场景的流变，一直是中国香文化发展的重要内容，其方法和园林营造中的"构"字同理。中国香文化在不同历史发展阶段对于"构"字所表现出来的特色各有精彩，这里涉及香炉、出香工具、香几、屋宇、园林等递进层次，最终在明代形成"静室"这一香学在"构"上的演绎。

炉烟袅袅，受空间影响而千变万化，或如鲲鹏扶摇直上，或如水袖随曲舒展，又如武者拳拳出奇……观烟者如身在峡谷云雾之中，诸多感怀激荡心胸。正是这样的视觉美感，让焚香之事同人们的艺术生活息息相关。

其实古人对炉烟的特别关注在西汉时期就开始了。当时神仙思想盛行，特别是在汉武帝时期祈仙风气大炽，在《史记》中就有武帝东巡西就以求长生不老药的记载，其中涉及的东海仙岛为蓬莱、瀛洲和方丈。传说有仙人在岛上种植不老仙药，但凡人不可见此岛，遇见则仙岛沉入海底，正是因为这样的传说，当时工匠们将已有的豆形炉的熏盖制作成圆锥形，这种带有孔窍的岛屿形状的炉盖正是迎合此风尚。考究的制作还会在炉盖上设计出瑞兽和仙人等元素，炉体则以仙人或海兽等托起，寓意仙岛从海中升起。当炉烟从山形炉盖的镂孔处升腾，在承盘中又盛有“汤”水，这就营造出身在仙岛的意境来，金石学家吕大临（1042—1090）在《考古图》中如此描绘：“博山香炉者，炉像海中博山，下盘贮汤，润气蒸香，像海之四环，故名之。”由此，博山炉开始成为两汉时期最具代表性的香熏炉器。

汉武帝时期陆上丝绸之路得以开辟，南海得到开发，来自西域和南方的树脂类香料开始进入中原，比如乳香、龙脑等，不但丰富了香熏材料，而且影响着中国香熏炉器形制的发展。此时用香，除了基本的芳香居室和祛疫避瘟的功能，还有一个极其重要的用途就是呈现梦幻般的仙境。山峦形炉盖的设计和树脂类香料的使用满足了这样的需求，从而开启了中国香文化的一个新时代，拓展了中华工艺美学领域。

两汉时期香熏炉的尺寸一般较大，根据笔者收集的博物馆资料，形制完整的博山炉高度在30厘米左右。所谓形制完整即炉盖、炉身和承盘完整不缺，当然也有尺寸更大的，比如陕西历史博物馆所藏的“西汉鎏金银竹节铜熏炉”，该器高达58厘米。汉代熏炉之所以尺寸大，与当时人们的起居习惯有关。

两汉时期，人们日常作息是“席地而坐”，即采用跪坐的方式，这是自周代以来的习俗。那时，人们由于器用不备，便在地上铺一张席子，人皆坐在席上，以保持清洁。由跪坐转变为现在的垂足而坐，则是在唐宋之后。正是由于席地而跪坐的起居方式，人们对博山炉的高度有了要求，30厘米左右的炉高非常符合视角的舒适度。上文提及的58厘米高铜熏炉，根据铭文判断，其应是汉武帝时期宫室所用，应该是专门为衬托高台高阶而设计。当然西汉时期也有高度10厘米左右的小香熏炉，比如扬州博物馆所藏的“西汉辟邪踏蛇铜香熏”，高度仅9.5厘米，应该是放置在台几上使用，但这种尺寸的香熏炉在汉代比较少见。

席地而坐时人们为了焚香时的安全考虑，博山炉都会配上一只深盘形的承具，使用时可以注水（汤）承接散落的火灰，即承盘。高立柱的设计增加了博山炉整体的灵巧，视野更开阔。炉身沿袭传统的豆式风格。不同历史阶段炉膛深浅有别：一般来说，汉武帝之前的炉身浅，设有进气口，便于草本类香料的充分焚烧；汉武帝之后，炉膛逐渐加深，原因是树脂类香料开始使用，需要阴烧出烟，进气口的设计也慢慢被淘汰，出土的此时期的博山炉中甚至出现人为封堵进气口的情形，这正说明了树脂类香料对博山炉制作的渐进影响。亮点当然是炉盖的设计，汉代博山炉炉盖多用失蜡工艺制作，仿生出纵横交错的山峦形状。正是由于博山炉器的风尚，造就了不少制炉大家，根据《西京杂记》卷一《巧工丁缓》中所录：“长安巧工丁缓者……又作九层博山香炉，镂为奇禽怪兽，穷诸灵异，皆自然运动。”同时丁缓还善于制作其他独特工艺的香熏炉，“又作卧褥香炉，一名被中香炉。本出房风，其法后绝，至缓始更为之。为机环转运四周，而炉体常平，可置之被褥，故取被褥以为名”，这就是在唐代大放异彩的金属香毬。

根据目前的文物资料，各地出土的汉代熏香炉器从数量上来说以淮河以南地区为多，特别是长沙、南昌、广州、扬州等地，而这些地区无论是西汉还是东汉，开发的程度远不及中原地区的长安、洛阳。当然北方也有博山炉出土，而且都很精美，比如河北博物馆所藏的“汉错金银博山炉”，但此类汉代香熏炉器出土数量非常少。说明博山炉的使用除了为了迎合当时的崇仙好道的风尚，同时还有一个重要的基础功能就是芳香空间和祛疫避瘟。淮河以南地区一年中平均温度高，湿度大，当时很多地区还是未开发的山林泽国，通过焚烧香料来保证生活的卫生、安全是环境使然，多方面原因的结合造成南方的博山熏炉出土量相对较大。其中两广地区由于远离中原，所出土的汉代香熏炉器博山造型的少，更多是豆形器或地方特色，从广州南越王墓博物馆所藏汉代香熏炉可以一窥端倪。

图7　汉　博山炉　台北故宫博物院藏

除了具有时代特征的博山炉，汉代还有一类香器也值得我们关注，就是用来存放香料的器具：香奁。根据马王堆汉墓的发掘资料，在出土的一款五子漆奁内，有两个较大的小奁是专门放置香料的：一个小奁内放绛色绢，绢上放花椒，另一个放的是香草类植物。这两个小奁是夹纻胎漆器，是与熏炉搭配的早期香具，是后世香盒的源头。对于大量香料的储存，还有专门的竹笥。焚香的时候，小漆奁与博山炉相辅相成，这是汉代皇室贵族用香的基本陈设。

汉代香文化最重要的推动者是汉武帝刘彻（前156—前87）。他开疆拓土的伟业让中国的香料来源空前扩大，让域外香料走进国人视野，彻底改变了中国香料库的组成。博山炉的设计风格与他崇仙的原因分不开，他还将博山炉作为赏赐品送给近臣，上文的“西汉鎏金银竹节铜熏炉”就出土于阳信长公主与卫青的合葬墓，而根据铭文，此炉是长安未央宫用器，而且不止一只。后世的各种香炉器具，包括唐炉、宋炉、明炉等，基本可以从西汉时期所制香熏炉器中找到形制的源头。日本香学研究界对汉武帝在推动香文化发展上的贡献亦是非常重视。

当然，除了用青铜制作各类香熏炉器之外，汉代铅釉陶器也喜作博山式的香炉和奁形器，特别是在《山海经》神话盛行的东汉时期，此时铅釉陶在艺术上已经由礼仪用器发展到对日常情景的描绘上了，所以生活用的陶制香熏炉器也有很好的作品出现。

魏晋南北朝只有西晋有短暂的统一。这个时期民族大融合，很多的生活习俗互为借鉴，其中就包括室内家具的发展变迁。以胡床为代表的少数民族的高坐家具开始进入中原，席地而坐的作息开始慢慢地向垂足而坐转变。这个过程是漫长的，一直到北宋才基本完成。这对香空间的影响就是，香器由落地陈设向几案陈设转变，最直接的影响是香熏炉器尺寸的小型化。

及至隋唐大一统时代来临，中国文化的精神又由魏晋南北朝的虚灵转入丰实，以丰富为美，这种多方并行而不悖的发展情形，以及充实华丽、情真气盛、重兴会、重健美的时代风格，是前代所没有的。唐代的国际交流空前，佛教文化发展进入鼎盛时期，佛教中的作息方式和用香仪轨亦随之传播开来，比如僧侣的结跏趺坐就不同于跪坐。《大智度论》介绍了印度佛教与香的关系："天竺国热，又以身臭故，以香涂身，共（供）养诸佛及僧。"尤其在《普贤行愿品》中具体谈道："以诸最胜妙华鬘，伎乐涂香及伞盖，如是最胜庄严具，我以供养诸如来。最胜衣服最胜香，末香烧香与灯烛……"其他有关用香的佛教文献则更多，有《华严经》《楞严经》《戒德香经》《大唐西域记》《妙法莲华经》《大藏经》等。香供养随着佛教一起在中国流传，佛教的用香仪轨、和香方、和香法等深度影响中国香文化的发展。

唐代香熏炉的款式多样，既有对两汉以来炉制的传承，又有本朝独有的设计。唐代香熏炉有两大类非常有特色，一是行炉，另一类是多足炉。行炉有柄便于手持，主要供礼佛时行进中使用。在北魏时期敦煌的石窟壁画中已经有对行炉的描绘，史载南朝时“陶弘景有金鹊尾香炉”。其实带柄行炉在汉代已经有使用，只不过不是礼佛的用途，从工艺上来讲，唐代行炉是一种传承发展。唐代行炉有其独特的时代风格，比如狮子镇行炉、瓶形镇行炉等。而最具唐代本朝风范的当是多足香熏炉，唐代多足炉一般由炉盖、炉身、炉足三部分组成，形体硕大，高度一般在30—60厘米之间。多足炉分为三足、五足、六足等，数量以五足为多。

唐代繁华崇奢，香炉制作所用的材料基本为金、银、铜、紫檀等，工艺又多为银鎏金、铜鎏金、錾刻等，并饰有莲蕾、朵带、兽面、链环等，镂空忍冬、壶门、萱草状，华贵无比。目前存世的唐炉基本为宫廷所用物，尺寸硕大，设计繁复，工艺精湛。

唐代香熏炉对汉代博山炉工艺亦有传承，此类炉的主要特征为：盖钮为莲蕾形或宝珠形，盖为半球形，不同于汉代的圆锥体，但还是雕刻成山峦状，有的还带有承盘，其中以扬州隋炀帝与萧后合葬墓出土的一款初唐香熏炉最有代表性，此炉盖为传统博山形，但炉身配以五足，是博山炉在唐代演变的重要物证。

可见唐代香熏炉基本采用导热快速的贵金属材料，且尺寸硕大，适宜固定摆放，所以这类炉器的使用有一定的程式仪轨。从唐代出现的大量金盒、银盒、香宝子以及青瓷、白瓷等各式各样制作精美的香药盒来看，在唐代的贵族生活中，珍贵的香料有专门的容器盛装。由于唐皇室崇佛，当时佛门所用的行香器具和仪范已经高度成熟，通过对出土的唐代香具进行研究，我们可以一窥唐式用香的程式仪轨和空间陈设。

1987年法门寺地宫发掘时，出土一块石碑，名为《应从重真寺随真身供养道具及恩赐金银器物宝函等并新恩赐到金银宝器衣物帐》(以下简称《衣物帐》)。《衣物帐》记载了懿宗、僖宗、惠安皇太后、昭仪、晋国夫人、诸头等皇室戚贵以及内臣僧官等供奉给真身的金银宝器等。此碑文物主清楚，名称胪列明晰，对于我们研究唐代礼佛焚香器、香料及用香仪轨诸方面，具有重要意义。

根据《衣物帐》所记，现将其中涉及香具、香料的内容罗列如下：

图8　南宋　周季常、林庭珪《五百罗汉之应身观音》　美国波士顿美术馆藏

图9　明　《帝释梵天礼佛护法图》(局部)　北京法海寺

真身到内后，相次赐到物一百二十二件……香炉一枚重卅二两元无盖……香炉一副并台盖朵共重三百八十两，香宝子二枚共重卅五两……香案子一枚，香匙一枚，香炉一副并椀子……匙筋一副，火筋一对，香合一具，香宝子二枚，已上计银一百七十六两三钱……乳头香山二枚重三斤，檀香山二枚重五斤二两，丁香山二枚重一斤二两，沉香山二枚重四斤二两。

新恩赐到金银宝器……香囊二枚重十五两三分……

诸头施到银器衣物共九件……银白成香炉一枚并承铁共重一百三两，银白成香合一具重十五两半，以上供奉官杨复贡施……手炉一枚……

银香炉一重廿四两……

《衣物帐》所提供的供奉资料表明，各式香炉、香盒（合）、香垒子、香迭子、香案子、香匙、香椀子、香匙、香筋、火筋、香宝子等香器具以及沉香、檀香、丁香、乳香等香料都是成组、成套地出现。比如“香炉一副并台盖朵共重三百八十两，香宝子二枚共重卅五两”和“香案子一枚，香匙一枚，香炉一副并椀子，匙筋一副，火筋一对，香合一具，香宝子二枚”，是两个不同的套组，每组中都会有“香炉一”“香宝子二”这样的配置，只是后者多出了香案、香匙、匙筋、火筋、香盒这些出香的辅助工具。由此可见唐代宫廷礼佛用香的陈设仪轨。

晚唐五代时期，居室环境已经发生根本性变化，垂足而坐已成潮流，在周昉《挥扇仕女图》、周文矩《宫中图》、顾闳中《韩熙载夜宴图》、王齐翰《勘书图》等图中已明确绘有椅（倚）子、圈椅、绣墩，王维的《伏生授经图》中有木几，周昉《宫乐图》中有大型桌，等等。在这样的居室陈设趋势中，除了大型置地香熏炉器，小型的炉具也开始摆放在桌、几之上了，比如一炉配两只香宝子的配置，就是佛前案桌之上的陈设。

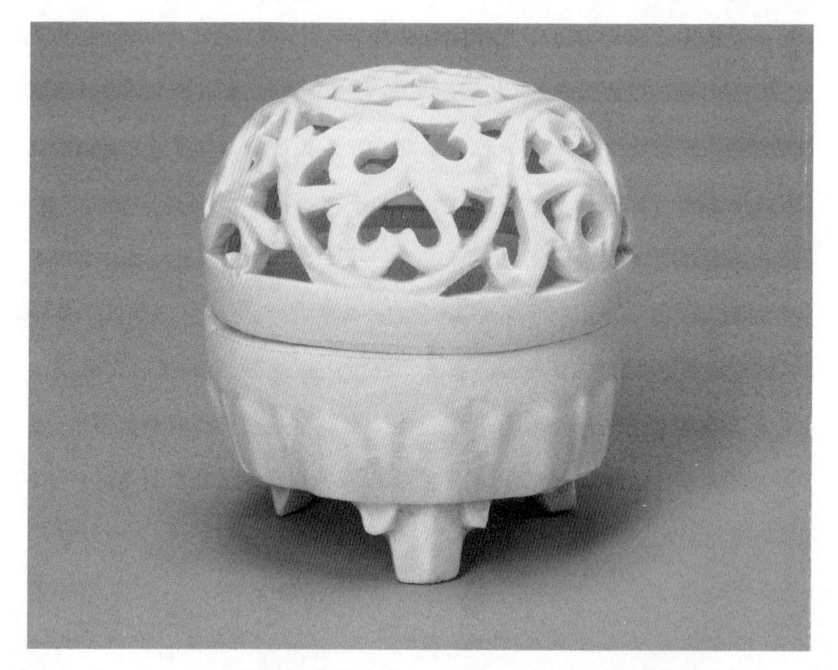

图10　宋　青白釉印莲瓣纹带镂空盖三足瓷香熏　美国芝加哥艺术博物馆藏

用香炉器一般分为熏炉和香炉两大类。熏炉与香炉的最大区别就是熏炉焚香时烟气、香芬都重视，甚至偏重烟气，以汉唐时期用香为主要特征。所以熏炉一般都有精致的炉盖，一是控制火星，二是有出烟美感的考量。香炉一般无盖，如果附有炉盖亦多以保护炭火、香灰为目的，这个时候的焚香更注重香芬，以两宋时期用香为主要特征。宋代人们崇尚亲自谱写香方，对香芬气韵的鉴赏成为用香首要，这样近距离品香的需求推动了香炉材质由金属向陶瓷的转变。汉唐时期的金属炉由于传热快，需要承盘或兽足的设置，品香还是以远闻为主，陶瓷香炉使得近玩成为可能，也是焚香精细化、生活化的必然选择。

当然宋代依然有陶瓷熏炉，只是尺寸变小，器形主要有博山形、狻猊形、球形、鸭兽形和莲花形等。宋代工艺尚简，博山形的熏炉只是形似山形炉盖，炉身则有多种。狻猊（形似狮子）形和鸭形香熏炉是兽形炉的一种，其源头是汉代兽形炉。莲花元素的香熏炉多受佛教文化的影响。

在宋代大放异彩的瓷炉主要分为仿古式香炉、行炉（高足杯式）等几大类。仿古式陶瓷香炉主要取先秦至汉青铜器、漆器的形制，比如鬲式、簋式、鼎式、奁式等，各地窑场均有制作，比如官窑、哥窑、钧窑、耀州窑等，南宋时期龙泉窑的炉器制作样式多种、造型厚重，有鼎式炉、葱管足炉、八卦炉、四足炉、奁式炉等，目前国际上很多重要博物馆都有南宋龙泉窑制香熏炉器的收藏。唐风的行炉是行走礼佛所用，有长柄，到了宋代，瓷质行炉改长柄为高足杯式。

南宋时，由于海外贸易的发达，各种香料如沉香、檀香、乳香、龙涎香、降真香、苏合香、安息香等数十种被进口并应用到生活的方方面面，需要大量的盒子

图11　宋　青白釉莲花形鸭盖钮瓷香熏　美国芝加哥艺术博物馆藏

图12　元　景德镇窑青白瓷狮形香炉　美国大都会艺术博物馆藏

来盛装。市场的需要使得香盒的制作从一般的作坊中分工出来，以集中生产的方式形成了香盒的专业制作，这是南宋瓷业发展的一大特色。根据刘良佑教授的研究，当时很多香盒上有名款印，比如“许家合子记”“段家合子记”“蔡家合子记”等，也有只印姓氏的，如“汪”“蓝”“朱”等作坊名款，可见当时香盒制作的专业化和繁荣局面。

用香除了香炉、箸瓶和香盒的基础配置外，还有香范等，这就涉及一类独特且富有生命力的香法——印篆香法。印篆香法由于使用的是专属工具，并且兼顾香氛和烟气的双重体验，对用香空间的构建一直有着重要的影响。

印篆香，是目前可知的历史悠久的用香方法之一。周嘉胄《香乘》称这种香法为“印香”，所用的独特工具称为“香范”，有文：“镂木以为之，以范香尘，为篆文，燃于饮席或佛像前。往往有至二三尺者。”早期的香范尺寸较大，香范的材料多用坚木，“山梨为上，楠樟次之”。香范所镂刻的图案被称为篆文，因为香范有一定尺寸，在其中作图文，如同刻制印章一般，图文亦类印章常用的大小篆。香范图文种类丰富，清代《印香图谱》收录的香范款式可观。与印章不同的是，无论篆文如何复杂，首尾皆是一连笔，使得香粉燃烧顺畅完整，这种借助香范来用香的香法被称为印香、篆香或印篆香。

印篆香原来是佛教用香文化的一部分，是僧家用来礼佛兼计时的工具。用作礼佛和计时的篆炉和篆模的尺寸都比较大，适合庙宇、厅堂等大空间使用，“燃于饮席或佛像前”，构成特定的陈设空间。唐宋时期的印篆香炉和香范存世极少，目前在日本奈良正仓院存有一款唐代的“漆金薄绘盘”，又称“莲华形香炉台”，直径55.6厘米，总高18.5厘米。此香炉台由两个部分组成，一是圆形金属承香盘，一是三层彩绘莲花形座，在座基底部有“香印坐”三字的墨书题铭。在唐代卢楞迦画作《六尊者像》“第三拔纳拔西尊者”中的几案上，就有类似的莲花形香炉具的描绘。到了北宋时期，由于文士的推崇，印篆香更多地出现在燕居和文游中，非常日用化，营造空间氛围的功能成为首要，并流传有许多制作印篆香粉的方

图13　南宋　刘松年《罗汉图》　台北故宫博物院藏

子。印篆香往往更能营造氛围和表达情志，因此印篆香的使用场景大量出现在宋词作品中。由于不需要额外添加黏合材料，印篆香粉的香韵更为纯净，一直到近世都深受人们的喜爱。

两宋时期用来作印篆香的炉具有一个基本的变化就是由大尺寸变得小巧，这是用香精细化、生活化的需要，其形制在明清时期基本没有大的改变。一直到清末，由南通丁月湖设计出了“丁氏印香炉”，印篆香具才有了新意。印篆香粉所使用的香方，基本为和合香方，这也是中国用香和制香的传统。周嘉胄在《香乘》卷二十二《印篆诸香》中对印篆香法的内涵做了总结：

> 炉熏散馥，仙灵降而邪恶遁。清修之士，室间座右，固不可一刻断香。炉中一丸易尽，印香绵远，氤氲特妙，雅宜寒宵永昼。而下帷工艺者，心驰铅椠，惟资焚爇，时觉飞香浮鼻，诚足助清气、爽精神也。右图范二十有一，供神祀真、宴叙清游，酌宜用之。其五夜百刻诸图秘相授受，按晷量漏，准序附度，又当与司天侔衡、璇玑弄巧也。

周嘉胄认为印篆香法有无可替代的优点，首先一炉印篆香燃烧的时间可以很久，是香丸等香品所无法替代的，所以对于苦读的书生来说，一炉“绵远”的篆香可以让人随时感觉“飞香浮鼻”，从而真正做到以香来“助清气、爽精神”，即“清芬醒耳目，余气入文章”。其次印篆香“氤氲特妙”，是指印篆香焚烧时所散发的香气更加纯净，所呈现的烟形幻化无穷，所以印篆香使用的场合很广。对于古人来讲，用来做印篆香的香粉一般亲自制作，苏轼有诗《子由生日，以檀香观音像及新合印香、银篆盘为寿》：

旃檀婆律海外芬，西山老脐柏所薰。

香螺脱厣来相群，能结缥缈风中云。

一灯如萤起微焚，何时度尽缪篆纹？

缭绕无穷合复分，绵绵浮空散氤氲。

东坡持是寿卯君，君少与我师皇坟。

旁资老聃释迦文，共厄中年点蝇蚊。

晚遇斯须何足云，君方论道承华勋。

我亦旗鼓严中军，国恩当报敢不勤？

但愿不为世所醺，尔来白发不可耘。

问君何时返乡枌，收拾散亡理放纷。

此心实与香俱熏，闻士大士应已闻。

苏轼给弟弟苏辙祝寿，准备的礼物有三，分别为用檀香木雕刻的观音像一尊、银质篆盘一只和新合印篆香粉一份，并且苏轼在诗中交代了制作印篆香粉所选用的香料：旃檀、婆律、西山老脐、香螺，分别为檀香、龙脑、麝香和甲香。合和印篆香粉不是所有香料都可以用的，所谓“凡合印篆香末，不用栈、乳、降真等，以其油液涌沸令火不燃也”。“银篆盘”一般理解为用于焚烧印香的具有香炉功能的承盘，明代高濂在《遵生八笺》卷一《燕闲清赏笺上》中提及一种香盘——“更有鎏金香盘，口面四旁坐以四兽，上用凿花透空罩盖，用烧印香，雅有幽致”，这正是印香盘的记载。同时苏轼在诗中有“缭绕无穷合复分，绵绵浮空散氤氲”之句，香在焚烧时会有烟气的腾挪变化，这是文士雅尚观烟的原因，而印篆香又增添了迂回反复的观感，万般情意寄托其中，这才是印篆香的真正魅力所在。我们知道香范的纹路是一笔画，即只要点燃一端即可不间断燃烧直到香粉燃尽，设计者为了在有限的空间里完整且美观地表达图文，往往将纹路设计成曲折迂回的形状，篆文也比现在的简化字要复杂，当篆香被点燃，如萤火般的红点轨迹就成徘徊状，寓意着犹豫、彷徨、悱恻、怀念等情感和心情，此意象在诗文词赋中被大量应用。比如南宋华岳写有《香篆》：

轻覆雕盘一击开，
星星微火自徘徊。
还同物理人间事，
历经崎岖心始灰。

此诗将印篆香的具体操作步骤交代得非常生动：首先将“雕盘”（即香范）轻轻地放在平整的灰面上，填好香粉后，轻击香范，最后提取香范成形。点燃的香火成徘徊状，如同人生的历练，曲折起伏，最后是一颗沉淀下来的心，感悟如此。正因为香范纹理复杂，做好一炉印篆香，本来就是集手法与心性为一体的习静功课。公开场合的印篆香往往由专人代而为之，如果是书房或静室用香，主人常常亲力亲为。

自两宋以来，印篆香法尤其得到文士们的青睐，基本上每位词人都写有关于印篆香的文学作品，其中又以秦观、李清照为最。所以印篆香成了词作中最具特色的意象，比如李清照《满庭芳》中有“篆香烧尽，日影下帘钩”，《浪淘沙》中有“记得玉钗斜拨火，宝篆成空”等。其中“烧尽”“成空”等是一炉印篆香焚烧结束，只剩成形的、断断续续的香灰，所谓心灰意冷，心字成灰，尽在一炉篆香之后。此种意象表达，被后世文士所承继，可以说了解印篆香的深刻意涵有助于加深对中国传统人文的认知。我们知道宋元时期的另一主流香品是香丸，黏合剂多用蜂蜜，所以在使用的时候采用隔火爇香的方式，只有香气而没有烟或少烟。印篆香则不同，将香芬与烟气相结合，这就给人带来与香丸完全不同的感知体验。

印篆香的悠久使用历史和广泛适用场合，形成了独特的人文功用。清末状元，近代实业家、教育家张謇（1853—1926）亦是爱香之人，他有收藏各类香炉的喜好。可能丁月湖是其同乡的缘故，他对丁氏印香炉情有独钟，并作有相关铭文多篇，如《云鹤印香铭》《佛香铭》《龙凤香铭》等，其中《龙凤香铭》为：

> 季作炉，得善铜。范香印，规矩从。纤文窈窕刻镂工。升龙降凤左右双，缘以云雷四周重。旃檀都荔术芷茳，众芳阿那君所宗。缊豫纷若神所共，辟诸不羊祉浡丰。得亲乐喜寿命融，多生男子子孙逢。天下太平无兵烽，耕田作保作上农，仕举有道跻三公。

张謇以铭文的方式，将印香炉的香范图案设计、香粉的合和、焚烧印篆香的功用等诸方面一一道来。一般香范的制作要使用传统的失蜡法，其中的蜡模雕刻最能体现此工艺的精髓，要考虑图案的设计美感、传统元素的继承、使用的便捷等因素。其中对香粉合和的交代非常有意义，“旃檀”“都”“荔”“术”“芷”“茳”等皆是制作印篆香粉的香料，“众芳阿那君所宗”则明示了合和众香时“君香”的统帅意涵，这是传统制香的法度，即合药之“君臣佐使”。以法度合和的香粉，在丁氏印香炉中作印熏烧，不仅烟气灵动多姿，馥郁的香气还具有净化、美化空间的功能，提升生活品质，从而圆满人生。

闻一多先生是现代诗新月派的代表人物，他推崇焚香的生活方式，认为这是东方人特有的妙趣。其存世的诗作常涉及用香，其中一首《香篆》，充分展示了印篆香的当代人文意趣：

> 辗转在眼帘前，
> 萦回在鼻观里，
> 锤旋在心窝头——

心爱的人儿啊!

这样清幽的香,

只堪供祝神圣的你:

我祝你黛发长青!

又祝你朱颜长娇!

同我们的爱万寿无疆!

这是闻一多早期的一首爱情诗，通过描写印篆香的曲折迂回来表达自己的情感，“辗转”“萦回”“锤旋”都是这方面的生动描绘，由眼睛所见、鼻息所闻，最后深入到心中所思。这就是北宋秦观词作中大量出现印篆香场景的原因，如“翠被晓寒轻，宝篆沉烟袅”“宝篆烟销鸾凤，画屏云锁潇湘”等。闻一多在以印篆香的迂回焚燃表达思念情感之后，又以炉香所散发的“清幽”气息，流露自己对这份情感的忠贞。

可见印篆香在中国香文化史中的地位不亚于汉代的博山炉文化，带来的是思维空间里无限的想象可能，丰富了人们的情感。印篆香所具有的人文特质在当下亦具有重要的美育作用，江苏有的小学的美术课开始将香范纹理的艺术设计和审美价值应用到教学中，将传统器物的工艺美重新应用到人文与美学启蒙。

宋代用香空间的最大改变，就是香几的广泛使用。

这里的香几，专指焚香所用的高几，是高足家具应用的产物。在先秦时期，中原就有生活用具名为“几”，西周《尚书·顾命》有“凭玉几”的记述。这时无论是凭几还是几案，都是低足家具，主要用来倚靠和作为饮食案台。专门用来焚香的香几，发展之初与礼佛有关，在敦煌莫高窟第220窟有初唐壁画《维摩诘经变》，画中有梳背形高足条几，上面供放一只香炉、二只假山供宝。在唐代存世画作中，卢楞迦(吴道子弟子)《六尊者像》第三和第十八尊者像中皆有供香用的条几，其中第十八尊者像中在香炉一侧还绘有鎏金香盒，非常难得。这些说明用于焚香的高足几在唐初主要为佛前放置香炉、供器所用。

到了宋代，随着高足家具的普及，香熏炉向陶瓷化、小型化发展，香几开始成为焚香的常设家具之一。一般100厘米左右高度的香几为常规尺寸，置于室内或户外地面，同时香几上的陈设也丰富起来，除了香炉，还有香盒等香具，香盒主要存放烧爇或熏炙用的香丸、香饼或香条。高足香几的使用，使得焚香对人们生活空间的影响一下子清晰而有力了，或者说积极地影响着传统居室的陈设结构。根据存世的宋代画作资料，香几的使用主要分为三大类：一是佛教用香，二是居家用香，三是雅集用香。

北宋李公麟作有《维摩演教图》（据传），根据故宫博物院的数据，此画卷宽约34.6厘米，长约207.5厘米，纸本白描墨笔。细观此画，重要人物维摩和文殊对坐，中间有一只高足香几，是整个画卷布局的中心。此香几共六足，几足上下均为双层缩腰设计，纹饰繁复，端庄华丽。几面上陈设一只狻猊香熏炉，狻猊蹲踞在层积的莲花座上，回首张口吐烟。香炉座收腰做成覆莲式，香炉与香几浑然一体，传承的是唐风佛教富丽堂皇的设计风格。

《维摩演教图》对香文化的重要意义是定格了北宋香几的陈设规范。无论是六足、五足还是四足的香几，它的每一面都会精雕细琢，无论从哪个角度，皆可呈现相同的风格。就这一点来说，香几不同于一般的家具，因为传统家具的面板和不见光的背板所用的材料和木工是有区别的。香几多居中放置，无论是室内还是室外，其目的是保证焚香时香气能分布到空间的每个角落，特别是雅集、宴会等人多的场合，所以一直到元代王振鹏的《伯牙鼓琴图》，香几依然在画幅的中心位置，有着画眼的作用。

此时，香文化已经与家居陈设结合在一起，并影响居室空间的构建。

宋风尚简，香几也开始向素雅的风格转变。美国波士顿美术馆所藏的宋代《调鹦图》，在女主所卧榻侧有一只四足方香几，无论是几面还是几腿，设计都极

图14　宋人画《果老仙踪图》轴　台北故宫博物院藏

其素简，北宋赵佶《听琴图》中的香几是同一类风格。这种设计在佛教用香中也流行，美国波士顿美术馆所藏南宋陆信忠的《十六罗汉图》，其中数位罗汉的供几皆为黑色，几面、几足结构简洁。当然宋代佛教题材画作中香几的设计亦有华贵风格，台北故宫博物院的宋代《如来说法图》、李嵩的《罗汉图》等所绘的香几皆是《维摩演教图》风格。

高濂在《遵生八笺》卷八中介绍了传统的“靠几”“隐几”等种类的香几。其中“靠几”的尺寸较小，是用来置于榻上，“以水磨为之，高六寸，长二尺，阔一尺有多。置之榻上，侧坐靠肘，或置熏炉、香盒、书卷，最便三物。吴中之式雅甚，又且适中”。这里的靠几是榻上使用，或闲坐时作为依靠，或者看书、焚香时作为台座，方便适用。50厘米以下者，一般放置在榻床或书桌画案上，这与一般的高足香几不同。

几的出现时间比较久远，《庄子·齐物论》开篇即“南郭子綦隐机而坐”，其中的“隐机”即“隐几”，唐代白居易写有《隐几》长诗。隐几与焚香相衬的场景大量出现在宋代文学作品中，比如北宋文同《郡斋水阁闲书·车轩》的“隐几香烟露湿，投竿衣带风飘”等，尤以黄庭坚《贾天锡惠宝薰乞诗多以兵卫森画戟燕寝凝清香》中的“隐几香一炷，灵台湛空明”最为著名。

当代学者、文物鉴赏家王世襄先生在所著的《明式家具研究》一书中将香几单独列出，该书是目前对香几源流整理最完备者。王世襄先生将香几作了多种分类：根据使用场合分为家居日用类和宫殿庙宇类；按照香几几面形状主要分为圆形、四边方形和多边方形；根据香几的高度比例的不同，分为榻案适用、席地适用和落地适用三种。家居环境所使用的香几，考虑到用香的场合和时间，会有搬动的需要，比如节令焚香拜月时要将香几移至户外，这就需要几面是圆形的香几；而宫殿庙宇的室内布置以程式仪轨为主，所用的香几要厚重沉实，形制高大；还有一种尺寸70厘米左右的香几，适用于席地而坐的焚香场合使用。

香几的几面形状以圆形为大宗。根据传世宋明画作对文房或雅集焚香场景的描绘，香几一般居中陈设，四面不靠，为便于人员走动，圆形的设计要比方形安全方便些，有的香几同时还会在几面附加精致围栏，这是出于香器陈设安全性的考虑。圆形香几以三足、五足为多，方形的香几主要为四边形，也有多边的。

明初朱权（1378—1448）编有《臞仙神隐》，该书卷二有“香桌”篇，介绍了香几材质：“用竹为之最清，北方无竹，以木代之。脚用象鼻嵌石面者妙。若以木根为之，古怪为一。”朱权认为香几的材质选竹最为清雅，木制的如果以石板镶嵌几面则更切合焚香之用，还有一种以树根来制作香几的，即在明清画作中经常出现的天然几。在文震亨《长物志》卷六《几榻》部分，“几”和“天然几”皆强调取材自然为上：“以怪树天生屈曲若环若带之半者为之，横生三足，出自天然，摩弄滑泽，置之榻上或蒲团，可倚手顿颡。”这是低矮者置于榻床上。更多的是高100厘米左右，置于地上，在元代王振鹏《伯牙鼓琴图》以及清代王云《休园图》中焚香所用天然香几皆是此类款式。

香几的千年传承沿袭，对应的是中国和东方的用香方式。正如明人陈继儒在《小窗幽记》卷十二《倩》中所记：

香宜远焚，茶宜旋煮，山宜秋登。

“香宜远焚”，是因为焚香有烟火气，比如印篆香的焚香方式。当然通过香料的加减组合可以有效控制烟气，但以香几将香炉远置，一方面可以让香芬更好地均匀地布满房间，让大家体验同步，特别是多人雅聚的文会，另一方面将香炉远置，目观烟形，鼻观香韵，更容易体验焚香所带来的意境美感，这是中国式用香方式的关键所在。

在书房焚香有一个重要的美学意涵就是空间氛围营造，除了在香韵上有考量，在香具陈设上还有一套约定俗成的仪轨，香几的陈设正集中体现了这一点。用香时，香炉香具可以放在书桌上、画案上、琴台上……这时候的香是攻读之

图15　清人绘《仕女图》　费城艺术博物馆藏

香，是启迪文思之香，香带来灵光的闪电，照亮被遗忘的自性良田，香此时可以凝神定性，使自性为之澄明。香几的专属性，使得焚香在空间构建上正式成为一门独立的艺术，即从具体的器用上得到落实。这时香从辅助的角色中走出来，香几就如同香的舞台，让书策瓶花成了香的配角，香学延伸出完整的步骤流程，并且在“焚香、烹茶、插花、挂画”四事中被列为首要，香的人文之花越发绚烂。

唐宋时期，香空间构建还有个富有趣味的主题就是文石赏玩。从唐代开始，人们就对文石报以热情，这里很重要的一个审美点就是符合规范的文石形状大都同炉烟一般灵动。唐代贾岛有“过桥分野色，移石动云根”之句，即所谓“石为云根”，云起于石隙之间，又相得益彰，所以赏石、玩石时有一个大的鉴赏标准就是以石似云头为佳，往往下窄上宽，如一朵飘动的云从山涧出，亦似炉烟由下而上舒慢腾起。传统文士清供，多以文石假山作烟云，苏轼有一块“小有洞天”文石，在底座中巧嵌一只香炉，炉中焚香时，烟气沿着石头的孔窍萦回弥漫，如远山云雾，香与文石的组合，小景中见大世界。南宋朱熹有诗吟诵此类构景，所作《假山焚香作烟云掬水为瀑布》二首，其一为：

平地俄惊紫翠堆，便应题作小飞来。
炉熏细度岩姿出，线溜遥分壁色开。
独往但凭南郭几，远游休剪北山莱。
人言造化无私力，珍重仙翁挽得回。

“紫翠堆”“小飞来”就是案上文石，“俄惊”可见石形之奇峻，接下来这首诗描写的就是以文石假山为炉熏，在石中焚香的情景。好的赏石讲究瘦、镂、透、皱等选择标准，正如巧工似天然的博山炉盖，焚香时烟气沿着镂孔回旋弥漫，整个文石犹如仙山海岛的意境，石的古朴静默与烟的灵动回旋此时恰到好处，天然造化与人工巧思在此合而为一，静观小景，化身仙翁。

此风在南宋成为潮流，元好问（1190—1257）在《元遗山集》有记：

> 观州倅武伯英……尝得宣和湖石一，窾窍穿漏，殆若神劖鬼凿。炷香其下，则烟气四起，散布槃水上，浓淡霏拂，有烟江叠嶂之韵。

在湖石下焚香，借“窾窍穿漏”的天然孔窍，让烟气迂回其中，有如“烟江叠嶂之韵”，从小处得大风景，皆是一炷香得来的那份烟气灵动。人们留心文石与焚香的妙处，在《洞天清录》之《怪石辨》中有：“此石（灵璧石）能收香，斋阁中有之，则香云终日盘旋不散。”

博山炉营造出仙境，香几构建氤氲空间，文石孕育林泉神似，终究人们的视觉、嗅觉等美学追求这时更需要一个能完全容纳自己身心的所在，静室应运而生。

静室，又称香室、斋房。明代的园林，常常会构筑这样一个与人们用香有重要关联的独特所在。中国香文化在宋代成为一门独立艺道后，经过元、明的发展，又以静室的形式影响着中国传统建筑的构建布局，对香空间的追求一直是传统中国人精致生活的一部分。静室本是寺院内用于修行的特定房间，到了明朝中后期人们热衷在自己的庭院或别业专门建造静室。在这样的一个所在，静室主人由禅僧换为文士，代替禅院清规的则是香器、茶器、书画、瓶花等名物。静室不同于书房，往往选址幽远，有条件的另外选址构建，一般的也会选择僻静处，陈设精简，不求满目琳琅，但必高雅古朴，远离功名与喧嚣，为主人独处与静思之处。静室类似《园冶》所记“屋宇”诸式中的“斋”，计成有云：“斋较堂，惟气藏而致敛，有使人肃然斋敬之义。盖藏修密处之地，故式不宜敞显。”也就是说静室是用来摒绝世虑、隐修秘居的，式样务必收敛以聚气，这就决定了主人在构造静室的时候要考虑选址与陈设。

园林萃于江南。江南园林肇始于“晋室南渡”之后，长江两岸无论是苏州、南京还是扬州，有历史记载的早期私家园林皆筑于此时。江南园林在明清时期大放光彩，并最终形成苏州与扬州这两大园林中心。当时江南建筑设计师们往来于江南各大城市之间，比如《园冶》的作者计成参与设计的园林就分布于常州、南京、扬州等地，但各城市的园林还是形成了自己独特的风格，特别是苏州和扬州。现代古建筑园林艺术学家陈从周在评价苏扬两地园林时，认为苏州的建筑与园林风格在于柔和，即吴语所谓的“糯”，而扬州建筑与园林的风格则更多表现为健雅。即使一城之地，园林也会因园主的审美修养差异而不同，比如苏式园林中，拙政园疏朗旷远，留园精致古雅，艺圃秀丽清幽，网师园旷奥有度，等等，皆是中国传统意境美在构园上的反射。

对于园主来说，构建静室首先是以别业为优先。明末扬州北郊的蜀冈景深林茂，文士阮玉铉曾在此购得平地五亩用来建造别业，名曰“深柳堂”。阮玉铉，字爱耳，别号玉钩外史，能书善画，与叶弥广、强瓜良合称“清初三高士”。阮玉铉写有《深柳堂记》以记述这处别业，描述非常详尽，特别是关于书房和静室的描写：

> 西一堂，南牖宏开，北窗洞启，春夏读书，帷幌变绿阴，风从寒玉来，切切萧萧，忘其身之在炎伏也。
>
> 西室内复道，度一室，别院小榭，护名花数本。室中无长物，琴一，炉一，法帖一。

从以上两段文字可见，阮玉铉在营造深柳堂时将书房与静室的功能区分得很明显。书房位于西侧，是“堂”的结构，南北均开窗，只是南窗广开，北窗洞启，通风采光皆佳，冬暖夏凉，非常适宜读书。而静室则是“榭”的结构，室中除了养有几款名花名草外，仅陈列有古琴、香炉以及法帖，皆是文士养心怡情之名物，风格极简。堂的结构开阔，榭的结构紧凑，阮玉铉以榭来构建斋房，用来“藏修密处”。

清初扬州还有一位名士叫宗元鼎（1620—1698），号梅岑、香斋，别号东原居士、小香居士，工诗善画，被其师王士祯称为“以诗鸣江淮间”。他写有《新柳堂记》《芙蓉别业记》及《东原草堂记》数篇，所记皆为其别业，根据记文，这三处别业用途略有区别。其中新柳堂和芙蓉别业是其用来雅集和文会的地方，所谓“酒从锦瑟人边醉，花向金荃句里收”，而东原草堂则不同，仅构三间，“其室稍静”，是一个僻静的所在。由于宗元鼎不喜热闹，自谓“余性不喜烦，与人对终日即病”，所以构建东原草堂主要用来独处静思。根据《东原草堂记》所言，此草堂陈设亦简：“堂之中茶鼎、药铛各一，竹几之下有书，阶以下亦有花木数株，无余物也”，可见是作为静室的功能陈设。

明末清初扬州文士除了在“山林地”“城市地”“郊野地”辟有静室，在“江湖地”亦有讲究。清初沈德潜在《宜庄记》中就记有扬州城江边的黄子游别业，“邃以密室”，“休息者斋”，“且素琴静张，炉烟氤氲，宜于独坐林泉布席”。可见在明清时期江南地区园林辟静室之风大炽。

最为著名的静室当数香学家周嘉胄的“鼎足斋”，香学典籍《香乘》编撰于此。明末工部尚书兼东阁大学士范景文（1587—1644）曾经造访过鼎足斋，并写七言律诗以记，诗题为《题周江左鼎足斋中所贮书画古法物》：

结庐人外意萧然，香国翻成小有天。

四壁忽生空翠湿，千秋如见墨痕鲜。

摩挲金石人俱古，缥处缈缃梦亦仙。

共我与中成鼎足，坐来谁羡米家船。

范景文诗中“结庐人外意萧然”正是描述鼎足斋作为静室的幽远，可见选址永远是第一位的。“共我与中成鼎足”，借古鼎的三足或四足的铸造法度来说明周嘉胄构建此处别业不是一般的交游之处，非外人所到。“香国翻成小有天”与“摩挲金石人俱古”两句是描述鼎足斋所藏相当的彝器古董，周嘉胄有“霜里佩黄金者不贵于枕上黑甜，马首拥红尘者不乐于炉中碧篆”之叹，且其“好睡嗜香，性习成癖”，自然香器琳琅。“四壁忽生空翠湿，千秋如见墨痕鲜”则是描述鼎足斋最值得称道之处，即藏有分量不轻的书画，“坐来谁羡米家船”。周嘉胄精通鉴赏，富于收藏，目前在国内各大博物馆多有其旧藏，资料可见者主要有南京博物院藏南宋朱熹《行书奉使察州帖》，台北故宫博物院藏明代王宠《千字文》和《明人诗翰册》，等等，这些书帖皆钤有“鼎足斋书画记”收藏章。

园林学家阮仪三曾说，在历史上扬州的园林数量之多、质量之好甲于江南。但历经数百年沧桑，风气流变，文字与图画中所记的园林难以寻觅，但静室作为一个具有特定功能的所在，在现存扬州园林中还可以觅到踪影。比如扬州东圈门内的汪氏小院，其西南角的“可栖徲”就是这样的建筑。此院东、南两面为无牖高墙，只有北侧有一月洞门可进出，院中有女贞树一株，蜡梅、木香数本，叠石磊落。缓入“绮霞”门，端坐东侧厅中，或闭目养气，或静赏“挹秀”，皆是独处佳境。日本东京国立博物馆在介绍中国园林的空间意境时，就是用“可栖徲”作范本。

在今杭州西湖北侧的金沙港有个叫“燕南寄庐”的景点，这本是南派京剧大师盖叫天所建私宅，整个建筑的西一线分别建有书房和斋房各一处。现在被称为“佛堂”的斋房坐落在整个院落的西北角，空间非常小，根据盖叫天后人回忆，这里是他日常习静的地方，连家人轻易都不让进。这一点非常符合主人构建静室的初衷，“暇时，调气瞑目其中……斯室为余养心，外客不到也（阮玉铉语）”。我们知道盖叫天“活武松”的艺术灵感主要来自他对炉烟的长期观察，从连绵飘逸的烟气中提点出的舞台表演元素，成就了独特的“盖派艺术”，由此推知，在此静室中焚香鼻观就是盖叫天的日常。

明清以来文士如此热衷于构筑静室，展现了这个时期江南人文风尚的一个缩影，现代人很难感知其中的魅力。无论怎样的身份地位，人们总希望有一个让自己身心能够得到养息的所在。在紫禁城养心殿有间“三希堂”，人们大多只知其用来珍藏稀世法帖，不知这间屋子其实面积不足八平方米，是乾隆皇帝的私人空间，其意等同静室斋房，是个人的私密之地。静室是外人不可涉足之处，这与修禊、文会时开放的临时场所不同，静室首先是一个固定的所在，其次是幽静密闭的，室中古琴、香炉、瓶花、法帖等文事皆需主人亲力亲为。人们凭借静室所演绎的正是白居易《中隐》的理想，所谓“大隐住朝市，小隐入丘樊。丘樊太冷落，朝市太嚣喧”，“唯此中隐士，致身吉且安。穷通与丰约，正在四者间”。静室可以让人们既不用远遁深山，又不会因身在庙堂而远离林泉，这是一个从游历到栖居，再由山水到心境的向往。

园林是中国传统文化的集大成者之一，香学一定程度上影响着园林的构建，进而涵养着人们的性情。就扬州一地而言，园林在清康熙前后风格略有区别，前期以文人园林为主，后期则是盐商园林大炽。难能可贵的是，扬州盐商绝不是沉迷于钱财的碌碌之辈，相反大都热衷文事，资助文业，是康乾时期扬州文化繁荣的重要推动者。

明清时期扬州私家园林主要分为宅园和别业两大类，尽管伴随着岁月更迭，很多园林已不复存在，但幸运的是名园佳处皆有图文记载，其中以创作于康熙末期的《扬州休园图》最为著名。这幅画作以写实的手法还原休园盛况，从精微处着笔，对园主燕居诸事皆有刻画，尤其对书香门第着墨较多。休园是明清之际郑侠如的宅园，郑侠如是影园园主郑元勋的弟弟，郑元勋为《园冶》写有《题词》一篇，且在《影园自记》中有：“吾友计无否（计成）善解人意，意之所向，指挥匠石，百无一失，故无毁画之恨。”由此可见郑氏与计成的交谊。《扬州休园图》目前收藏于辽宁旅顺博物馆，作者是驰名江淮的山水界画大家王云，其以近五年之力绘制而成。休园的郑侠如家族虽然起于盐业，但热衷文事，广结文缘，对扬州文化繁盛贡献良多。

《扬州休园图》绘有多处用香场景，比如“琴啸”和“墨池阁”。“琴啸”是夏景，描绘的是主人闲居阅卷的场景，主人端坐卧榻，榻侧有一条天然木根香几，几上安置一套香器：青铜带座香炉、红雕漆香盒和瓷质香箸瓶。炉中爇有红色香丸一粒，箸瓶中插有香铲和香箸，是一套完整的炉瓶制式。炉瓶盒是元代以后形成的香事规范，是明清时期重要的室内陈设，所不同的是，清代的炉、瓶、盒三种香器的材质趋向整齐划一，特别是以玉石为材的制作品，匠气有余，陈设功能居多，实用性不大。

“墨池阁”也是夏景，有长幼二人端坐榭中观荷，其中年长者身后的条案上置有一只大型香熏炉，造型为明代风格的狻猊。以狮子为造型的香炉出现在唐代，宋代称之为“狻猊出香”，南宋以后则直接以狮子整体造型为香炉，即以狮首为盖，狮身中空为炉体的狮子熏，这时狻猊香熏炉开始从佛事仪轨中分离出来用于生活日常。郭璞在《尔雅注疏·释兽》中有：“狻猊即狮子也，出西域，其状如猫。”至明代狻猊被附会为“龙生九子”之一，狻猊性喜烟好坐，所以被用来作为熏炉造型。细观“墨池阁”场景中的狻猊，清晰可见狻猊口中香烟氤氲。该场景中的年少者侧身坐于长桌后，桌上列有带底座三足古鼎香炉一只，炉旁依然是红雕漆三层香盒，用以储放香料，炉盒与瓶花相衬。说明明末清初时的居家用香是处处皆宜，时时勿缺。

我们知道，古代传统香品是和合香，是由数种香料根据香方黏合而成的，经过修合的香品除了能够避秽祛疫、行气活血、开窍醒神等，还具有营造空间意境的文化功用，即不同的和香方所追求的雄浑、冲淡、纤秾、洗练、绮丽等传统古典审美意味各异，正如诗有诗意，画有画境。而香学境界之高明者，运文学、绘画、音乐诸境，焚之如临其境，这与构园所追求的主旨一致。形成于唐宋时期的香方评定与合和、窨造、熏修的总结，是中华民族优秀文化传统和审美心理的积淀，香学与构园是同一意境的不同形式之艺术手法，这正是自宋以来人们热衷香学的初心。

熏笼和隔火

从发现香料到合和香品，人们在长期用香历史中总结了多样的用香方法。不同的人，特定的场合，所用的香法有取舍。传统用香法与香品息息相关，传统香品主要有香丸、香饼、香条、印篆香粉等，其中以蜂蜜为黏合剂（其他的黏合剂还有白芨、枣泥、皂儿胶、蔷薇水、苏合油、梨汁等）的香丸、香饼和香条主要采取“焚”“爇”“烧”“衬烧”等方法，印篆香粉采用“烧”法，熏衣则是“烧熏”，不同的香法从多方面体现着人们的生活用香方式。

熏笼是汉代就开始在宫廷和贵族间流行的香熏器具。根据出土资料，汉代熏笼一般由竹片编成，形状大致为敞口的圆锥形，熏衣熏被时在熏笼里放置有承盘的香炉，衣被则覆盖在熏笼上增香。在唐代以前，熏笼是宫廷贵胄的精致生活用品，晋《东宫旧事》有“太子纳妃，有漆画手巾熏笼二，条被熏笼三，衣熏笼三”等记载，可见不同的生活织品所用的熏笼有别。熏笼实物在长沙马王堆一号汉墓有出土，根据发掘报告，共出土了竹熏罩两件，大小各一，均为“截锥”形。这对熏罩骨架用宽一厘米的竹篾编织而成，孔眼甚大，外蒙细绢。墓主是秦末汉初人，说明早在秦汉之际熏笼香熏在贵族的日常生活中已应用成熟。

进入南北朝时期，熏衣已经非常普遍，甚至佛教经文中以此为修行法门。佛教著作《大乘起信论》有言：“熏习义者，如世间衣服实无于香，若人以香而熏习故，则有香气。”而将熏笼的意象写入文学作品的，首推唐代白居易。其有《石榴（楠）树》诗：

可怜颜色好阴凉，叶翦红笺花扑霜。

伞盖低垂金翡翠，熏笼乱搭绣衣裳。

春芽细炷千灯焰，夏蕊浓焚百和香。

见说上林无此树，只教桃柳占年芳。

“熏笼乱搭绣衣裳”就是衣服搭在熏笼上熏香的场景。所喻的“浓焚百和香”，指香气如焚烧的“百合香”，一种由多种香料制作的和香，香气馥郁。白居易又有一首《后宫词》，赋予日常熏笼更多文学意涵：

泪湿罗巾梦不成，夜深前殿按歌声。

红颜未老恩先断，斜倚熏笼坐到明。

全诗细腻地刻画了宫女千回百转的心理状态，所谓十分幽怨、十分寂寞。在后世的文学作品和书画题材中，白居易“斜倚熏笼”的意象经常被刻画。比如五代宋初的徐铉在《月真歌》中有：

绿窗绣幌天将晓，残烛依依香袅袅。

离肠却恨苦多情，软障熏笼空悄悄。

这里的“香袅袅”当是炉中之香，“熏笼”则是用来熏衣物被褥的香具。在徐铉的诗文中，熏笼已然是一个市井日常生活用具，在熏衣被、取暖等实用之处以外，“空悄悄”表达的是离弃的孤独遐想。

宋人处处用香，以香熏衣不仅仅是居家日常了。欧阳修在《归田录》记载有梅询（964—1041）的日常行坐：

梅学士询，在真宗时已为名臣，至庆历中为翰林侍读以卒。性喜焚香，其在官舍，每晨起将视事，必焚香两炉，以公服罩之，撮其袖以出，坐定撒开，两袖郁然，满室浓香。

在传统社会，官服由于制作烦琐，特别是祭服、朝服和常服等，除公务时穿戴，清洗较少，所以常以香熏洁。梅学士为人严毅修洁，性喜焚香，衣服熏好后，还要带两袖浓香到公所。后来的清献公赵抃也有相似熏习，在明丁明登《淑清录》有记载：

清献好焚香，尤喜熏衣，所取既去，辄数日香不灭。尝置笼设熏炉，其下不绝烟，多解衣投其上。公既清端，妙解禅理，宜其熏习如此也。

在传统社会，人们总会将香气与德行品性关联，这源自屈原式的人文解读。“公既清端”是指赵抃的为人，他清廉奉公、秉心贞静，世间似乎只有清雅的香气与其相媲美。

当然熏笼熏衣更多的与生活起居息息相关。欧阳修《荷花赋》中有：“覆翠被以薰香，然犀灯而照浦。”王实甫《西厢记》第四本第四折中有：“昨夜个翠被香浓薰兰麝。欹珊枕把身躯儿趄。”特别是《红楼梦》对熏笼的描写更写实，在第十三回有：“这日夜间，正和平儿灯下拥炉倦绣，早命浓薰绣被，二人睡下，屈指算行程该到何处，不知不觉已交三鼓。”联系小说章节，这时贾琏送黛玉去扬州多日，王熙凤“心中实在无趣，每到晚间，不过和平儿说笑一回，就胡乱睡了”。这时的“拥炉倦绣”“浓薰绣被”，直接把“斜倚熏笼坐到明”的情感给提点了出来。

后世画作对熏笼题材亦多有刻画，上海博物馆收藏有明代陈洪绶所绘的《斜倚熏笼图轴》。该作品纵129.6厘米、横47.3厘米，是陈洪绶仕女画的代表作。画面中央是云鬟高挽的女主，披着华丽的团鹤纹披风，斜倚熏笼坐于卧榻之上，百无聊赖地同花鸟架上的鹦鹉相对。熏笼里，睡鸭熏炉正烟气袅绕。图下方有侍女陪幼儿嬉戏扑蝶，浓浓春色，反衬着女主的郁郁寡欢，空虚凄清，亦表达思夫之情意。2018年在法国巴黎赛努奇博物馆举行的《中国芳香：古代中国的香文化》展览上，《斜倚熏笼图轴》是重要的代表性展品。

直至清末，熏笼在江南地区依然有制作，在《民国江都续志》地方特产篇“铸物之属”中记载有：“铜熏笼，俗称为宫薰，镂铜为花纹，但不多制。”尽管此地方志多延续以往编撰内容，但是可以说明熏笼制作在扬州是作为地方独特工艺存在的。

还有一类香器用于熏衣被，这类香器被称为“香毬”，这是一种金属制的镂空圆球。香毬外层由两个半球相合，有合页相连，通体镂空各式花纹，球体内是半球形香盂，两层球体之间是双轴相连的同心圆机环。香盂的自重使活动机环转动，香盂则始终保持水平状态，这样香品不会外撒，适合行动中使用香熏的场合。早在汉代就有使用香毬的记载，司马相如（约前179—约前118）在《美人赋》中有：“于是寝具既陈，服玩珍奇，金鉔熏香，黼帐低垂。”其中的“金鉔”就是类似香毬的香熏器。香毬在唐代非常流行，此风影响波及东瀛，至明清时式微。

在两宋时期开始流行一种隔火的用香方式，又称“隔砂”，此法的出现具有划时代的意义，它不同于传统的香熏，是只取香气不见烟。在《遵生八笺》之“焚香七要”中有“隔火砂片”章节，具体介绍了隔火香法以及隔火片的选择：

> 烧香取味，不在取烟。香烟若烈，则香味漫然，顷刻而灭。取味则味幽，香馥可久不散，须用隔火。有以银钱明瓦片为之者，俱俗不佳，且热甚，不能隔火。虽用玉片为美，亦不及京师烧破砂锅底，用以磨片，厚半分，隔火焚香，妙绝。烧透炭墼，入炉，以炉灰拨开，仅埋其半，不可便以灰拥炭火。先以生香焚之，谓之发香，欲其炭墼因香爇不灭故尔。香焚成火，方以箸埋炭墼，四面攒拥，上盖以灰，厚五分，以火之大小消息，灰上加

片，片上加香，则香味隐隐而发，然须以箸四围直搠数十眼，以通火气周转，炭方不灭。香味烈，则火大矣，又须取起砂片，加灰再焚。其香尽，余块用瓦盒收起，可投入火盆中，熏焙衣被。

隔火法与前文所介绍的明末清初董说的“非烟香法”不同，董说采用的是水蒸的方式，其目的也是“但令有香不见烟”，但区别于宋代借助炭火以隔火片出香。隔火用香方式的产生与当时的一种香品形态有关。

丸剂是中国传统医药剂型的一种，是由中药材细粉末混合适宜的黏合剂制备而成的类球形的制剂。东汉医家张仲景的《伤寒杂病论》中方药齐备的丸剂有23方，到了宋代，《太平惠民和剂局方》中所载的丸剂达284方，占方剂总数的近四成，丸剂使用已经非常成熟。丸剂所用的黏合剂，绝大部分选择炼制过的蜂蜜，所以此类丸剂又称“蜜丸”。北宋时期士人利用成熟的制丸技术，将香方中的各种香料进行修合，制成梧桐子或芡实大小的香丸，归纳出一套合和与窨藏的方法，成为香文化特有的工艺。

但香丸不是内服的，而是通过爇热发香。怎样让香丸中蕴含的香气散发，在宋代形成了一套成熟的出香步骤，这就是隔火香法。宋代文学作品中所提及的焚香、爇香、烧香一般都是指隔火香法，如果是印篆香法，会有篆香、香篆、玉篆、印香等具体的说明。

隔火香法在南宋杨万里（1127—1206）的诗作《焚香》中有具体描述。杨万里，字廷秀，号诚斋，与陆游、范成大、尤袤合称南宋“中兴四大诗人”。这四人中，尤袤的作品失佚较多，无从系统了解，其他三位则对香学的贡献颇多，比如范成大著《桂海虞衡志》，专辟《志香》一节，介绍广南西路的主要香料沉香、香珠、思劳香、排草、槟榔苔、橄榄香、枫香、零陵香等，内容翔实。陆游的作品涉及用香事项极多，是了解南宋士人用香生活的代表资料，其香学思想亦影响后世。杨万里热衷用香，如同黄庭坚一样自称有“香癖”，其有《冬暖绝句》：“今岁无寒秖有暄，腊前浑似半春天。醉中苦有薰香癖，烧得春衫两袖穿。”其作为江西诗派的重要诗人，诗文中多写香，比如《甲子初春即事六首》其一就很有意思：“老子烧香罢，蜂儿作队来。徘徊绕襟袖，将谓是花开。”所焚之香所营造的空间使人如身在花园之中，引来蜜蜂来寻花采蜜，可见此香之妙。杨万里在《焚香》中，详细交代了隔火香法，诗文如下：

> 琢瓷作鼎碧于水，削银为叶轻似纸。
>
> 不文不武火力匀，闭阁下帘风不起。
>
> 诗人自炷古龙涎，但令有香不见烟。
>
> 素馨欲开茉莉折，低处龙涎和栈檀。
>
> 平生饱识山林味，不奈此香殊妩媚。
>
> 呼儿急取蒸木犀，却作书生真富贵。

作者取鼎式瓷炉，以银叶作隔火片来爇香。在香灰中埋入炭火，堆上灰，将银隔火片放在灰尖正中，取香丸放置在银片上，即可出香。隔火香法要求所用银片要薄，即“轻如纸”，理灰埋炭火的时候要做到“火力匀”，炭火埋深了，则火力不足，香丸香气难以蒸出，埋浅了，则火气太旺，容易有焦烟，只有“不文不武”的状态才能使香气馥郁而连绵。隔火片有多种，部分香方要求用隔火法，比如《梅林香》的“取以银叶衬烧之”，《梅花香》（武）的“以玉片衬烧之”，《压香》（补）的“玉钱衬烧”等。需要说明的是大部分香丸方不要求使用隔火片。隔火片可以让工匠依制为之，埋炭火能够恰到好处则需要多年的用香功夫。对品香空间亦有要求，能够做到让空气清新而不能流动，即“闭阁下帘风不起”，“下帷一炷”是对此句最好的诠释，所以在文学作品中，与香关联的场景常常有帘帷。

诗中交代所用的香品是“古龙涎”。我们知道，龙涎香是合香时所用的贵重香料之一，作为一种动物香料，其具有定香剂的作用。但这里的“古龙涎”是指一类和合香，周嘉胄在《香乘》第十五卷录有众多龙涎香方，比较各香组成，只有“亚里木吃兰脾龙涎香”含有龙涎香料，其他香皆不用，可见“古龙涎”只是一类凝合的香方，与具体的龙涎香料关系不大。宋代蔡绦《铁围山丛谈》记：“……每以一豆大爇之，辄作异花气，芬郁满座，终日略不歇。于是太上大奇之，命籍被赐者，随数多寡，复收取以归中禁，因号曰古龙涎，为贵也。”可见龙涎合香的韵味类似花香，比如诗句中作者体验到的“素馨”“茉莉”的浓郁香气。

“但令有香不见烟”，品评的是香气所营造的氛围，从而有“鼻观”的考量。刘子翚在《邃老寄龙涎香二首》中有“微参鼻观犹疑似，全在炉烟未发时”。品赏一款香，使用隔火香法的时候，需要对香气进行静心鼻观，“犹疑似”即“说是一物即不中”。当银叶的温度越来越高，香丸有烟起，就不是“鼻观”的好时机了。

在香方的基础上，甄选香料成为合香最为关键的一步。文士谱写的香方基本以沉香为主香，这里的沉香是一个大的概念，对于《香乘》来说，沉香是相对于栈香、黄熟香而言，特指入水即沉的“沉水香”，还有“古蜡沉”“蜡沉”“海南沉水香”“黑角沉”等，这些都是对高等级沉香的称呼，可见制香者在沉香年限、香韵、产地上要求颇高，比如“黄太史四香”中，“意可”“深静”“小宗”明确指出选取“海南沉水香”，可见古人合香时对选材的重视。

香器赏鉴

香炉为焚香主要器具，明代文震亨所辑《长物志》卷七《器具》篇首先列出香炉。香器除了香炉之外，还有香盒、香箸瓶、香盘、篆模、香箸、香匙、香铲、隔火等，各有用途。作为器用，一招一式皆有法度；作为器赏，其工其技承载艺道。香器的使用和鉴赏本来就是合二为一，在有形烟气和无形香芬中融会贯通。

南方地处湖海湿地，水网交错，每每春夏之际，湿热相扰，蚊虫烦忧，自古就形成以香熏避秽的传统。两汉时期南方的香熏文化发展已经非常繁荣，近年仅扬州一地就出土了大量两汉时期的香器文物，无论器型还是工艺都代表着同时期的先进水准，印证了这一时期生活在南方地区的诸侯与贵胄对香的推崇。扬州的汉墓分布非常广，从北部宝应的九里一千墩汉墓群到西南仪征的胥浦汉墓群，不仅数量多、形制全、规模大，而且沿袭时间长。汉代有"事死如事生"的殡葬礼俗，特点就是将生前所用所好之物随葬，厚葬之风盛行，其中很重要的生活器具就是博山香熏炉。扬州出土的香器规格等级齐全，品种多，以"青铜鎏金博山炉""辟邪踏蛇铜香熏炉"等最是精美。

北宋金石学兴起之后，对汉代青铜炉的鉴赏就成为其中重要的一项。在北宋金石学家吕大临所著的《考古图》中，收录有汉代辟邪式香熏炉，书中交代此炉为庐江李氏所藏，并引李氏录云"此兽炉今为狻猊"，与扬州出土的西汉"辟邪踏蛇铜香熏炉"形制相同。《考古图》同时收录有"庐江李氏"所藏的"博山香炉"。明杜堇在《玩古图轴》中，在一长条几上列有众多古器，其中就有汉代博山式香熏炉。由于博山炉是青铜器制作工艺的最后辉煌，所以是自宋以来青铜器藏鉴的器物之一。

对于铜质香炉来说，明代的宣德炉是又一工艺高峰。一般认为，宣德炉的缘起与宣德皇帝朱瞻基（1425—1435年在位）有关，宣德帝认为宗庙、内庭等所陈设的鼎彝式范猥鄙，不足以配典章，所以在宣德三年三月初三，颁旨造炉。根据《宣德鼎彝谱》记载，宣德帝敕谕工部尚书吴中（1373—1442）：

> 今有暹罗国王剌迦满霭所贡良铜，厥号风磨，色同阳迈。朕拟思唯所用，堪铸鼎彝，以供郊坛、太庙、内廷之用……数目多寡，款式巨细，悉仿《宣和博古图录》及《考古》诸书，并内库所藏柴、汝、官、哥、钧、定各窑器皿款式典雅者，写图进呈拣选，照依原样，勒限铸成。今特敕尔工部可速开冶鼓铸，应用工匠、金、银、铜、铁、铅、锡药料，可着实明白开册具奏。

当时礼部尚书吕震随即会同太常寺卿周瑛、司礼监太监吴诚按旨汇查，共遴选出款式117种及各项其他物料，先后两次呈上。因为第一次呈册宣德帝认为“所费浩大”，所以再呈。第二次所呈为：

> 暹罗国风磨铜……实该三万一千六百八十斤，此铜铸造鼎彝诸器用；赤金……实该六百四十两，此金作商嵌泥金流金鼎彝用；白银……实该二千零八十两，此银作商嵌泥银等杂用；倭源白水铅……实该一万三千六百斤，此铅作铅砖铺铸冶局地杂用；倭源黑水铅……实该六千四百斤，此铅作铅砖铺铸冶局地并杂用；日本国生红铜……实该八百斤，此铜作烊铜用；贺兰国花洋锡……实该六百四十斤，此锡作烊铜用……

根据《宣德鼎彝谱》所记，吕震等当事人就铸造鼎彝一事以奏文进呈宣德帝批阅并经过反复审览。宣德炉所用材料主要有“暹罗国风磨铜”“赤金”“白银”“日本国红铜”“贺兰国花洋锡”五大种类，其中“暹罗国风磨铜”“日本国红铜”“贺兰国花洋锡”用于实际铸造，“暹罗国风磨铜”占比最高。而“赤金”“白银”仅用于泥金、泥银、鎏金等辅助工艺使用，与传说的宣德炉中加入金银铸造等说法有异。

一般的理解，暹罗国所贡的“风磨铜”是高纯度铜。根据明代陈仁锡《潜确居类书》“铜”条所记：

> 风磨，鍮鉐，黄铜似金者。我明皇极殿顶名是风磨铜，更贵于金，一云即鍮鉐也。

而前文宣德帝谕文所记的“厥号风磨，色同阳迈”，亦证此说。根据《南史·

列国传》载："夷人谓金之精者为阳迈。"所以风磨铜即颜色炫亮如金的黄铜，而黄铜是铜锌合金。由铸造宣德炉的五大成分"暹罗国风磨铜""赤金""白银""日本国红铜""贺兰国花洋锡"可以总结，宣德炉的材质主要为铜与锌、锡的合金，金银是用于外观装饰。

宣德炉在工艺上采取多次冶炼提纯，并根据提炼的等级铸器，其中取十二炼中最清纯者铸御用诸器，取十炼、八炼铜铸释、道二教用器，余六炼铜或残存炼炉筛选上者供铸他器用。比如根据宣德十年《宣德炉实抄本》记载："武当山、庐山各八十炉。"除了对铜炉材质要求精益求精，铜炉器型的甄选以"款式典雅者"为上，主要参考《宣和博古图录》等宋代金石学著作和内藏宋代柴、汝、官、哥、钧、定等名窑所出器皿，所以宣德炉器型主要沿袭的是宋代简洁典雅之风。

自然宣德炉的绚烂皮色和典雅款型成为赏鉴最为重要的两个方面。

中国香文化的历次大发展，离不开当世帝王的推动，比如西汉时期汉武帝刘彻、五代南唐国主李璟、北宋徽宗赵佶等。到了明初，宣德皇帝朱瞻基则开启了宣德炉时代。朱瞻基是明代历史上一位很受推崇的皇帝，史书常将其父仁宗朱高炽及他比作周朝的成康、汉代的文景，由此可见他在史家眼中的地位。尽管朱瞻基在位仅仅十年，但他全力发展经济，提倡艺术创作，使得社会经济、文化工艺等都呈现新的局面。这个时期除了宣德炉的制作，绘画、书法以及瓷器、漆器等各艺术门类都有辉煌成就，并对后世产生了深远影响，"宣德炉""宣德青花"等至今是工艺美术鉴赏的高地，这与宣德皇帝深厚的艺术修养以及他对工艺美术品的特殊爱好有着直接的关系。

当代王世襄先生长于宣德炉的赏鉴，生前所藏的数十件宣德铜炉深受学界、收藏界追捧。其藏炉、养炉与烧炉皆有多年心得，在《漫话铜炉》一文中有王世襄先生的独到见解：

研究、欣赏铜炉和青铜器不同，它的形制花纹比较简单，只有款式，没有铭文，与古代史、文字学关系不大，更没有悦目的翠绿锈斑。历来藏炉家欣赏的就是简练造型和优雅铜色，尤以不着纤尘、润泽如处女肌肤、精光内含、静而不罢为贵。这是经过长年炭墼烧燕，徐徐火养而成的。铜色也会在火养的过程中出现变化，越变越耐看，直到完美的程度。烧炉者正是在长期的添炭培灰、巾围帕裹、把玩摩挲中得到享受和满足。这是明清文人生活的一部分，其情趣和欣赏黄花梨家具并无二致。

除了钻研宣德炉的鉴赏要点，王世襄先生更重视养炉。养炉是一个长期的过程，需要主人细细把玩呵护，静待炉色变化，直至铜炉优雅完美。正如侍花养草，其过程有精神寄托，有学问勘验，有“享受和满足”。这种品物游心的修为方式，正是宣德炉藏鉴的魅力所在。

在明清时期，宣德炉鉴赏成为香学的重要功课，在此风影响下，出现了很多制炉名家，尤以江南地区为盛。江南地区有两千余年用香制炉传统，至明清时期，香文化大炽，明代万历前后有金陵（南京）的甘文堂、云间（上海）的胡文明等大家，他们虽同处江南，但制炉风格各有特点。金陵甘文堂所铸香炉以乳炉为最佳，何为“乳炉”，即乳足香炉，这里特指乳足铜炉。常规的炉形根据炉耳的有无分为无耳乳炉和有耳乳炉，其中有耳乳炉又有冲天耳、桥耳、戟耳、蚰龙耳等多种。乳足宣德炉形制源自宋代鬲式瓷炉，又以精炼铜为材料，无论线条还是皮色皆可把玩鉴赏，为明代文士们所推崇。而胡文明所制香炉风格则完全不同，在《云间杂志》中有记：“郡西有胡文明者，按古式制彝、鼎、尊、卣之类，极精，价亦甚高，誓不传他姓。时礼帖称‘胡炉’，后亦珍之。”胡文明制炉的一大特点就是不同于明代流行的素面，代之以錾刻锦纹作地，主纹鎏金，以繁缛华丽的风格出现在世人面前，其形都取法于战汉时期的礼器，所以胡炉的风格更适合厅堂高屋。

到了清代，丁月湖开创了一类新炉器——丁氏印香炉。根据《印香图谱》序文，丁月湖爱香，其住处常常是“异香满室”“云蒸霞蔚”，他对印篆香法用炉有自己的见解，认为当世之印香炉“粗陋不可供幽赏”，所以他“印香制图，一生学问，尽寄图中”，全身心投入印香炉的设计，并协同金工制作。经过丁月湖改进后的印香炉，形制类似汉代漆器奁盒，为多层制式。丁氏印香炉又一独特的地方是炉盖和范模的镂空作文，构思奇巧，相得益彰。这样整体的奁盒样式印香炉，置于书房案头，静雅一景，提升了印香炉的书卷气，为当时各界人士所追捧。

江南地区的精美香炉器多在文士之间流转，久而久之，独特的鉴赏之法逐渐形成，炉谱等专业类书得到编撰出版，相关小品文、日志更是浩如烟海，赏炉名家辈出，以如皋的冒襄成就颇丰。冒襄（1611—1693），字辟疆，号巢民，南直隶扬州府泰州如皋人。冒辟疆作为明末清初的文学家，他除了对诗歌、散文、戏曲以及书法有重大影响外，对香文化研究亦有建树。冒襄在古董鉴赏上功底深厚，对香器特别是宣德炉独特的审美得到士人推崇。

宣德炉工艺精湛，是明代工艺品中的珍品，亦是自汉代博山炉以来铜质香炉器发展最重要的里程碑。宣德炉自铸造始便得到各阶层的追捧，此风一直延续到当代，引领此风尚的重要人物就有冒襄。冒襄品玩鉴赏宣德炉，并写有《宣铜炉歌为方坦庵先生赋》和《宣炉歌注》。

在《宣德炉歌为方坦庵先生赋》中，冒襄以方拱乾（号坦庵）所珍藏的宣德炉为赋，抒发与友人惺惺相惜之情。这里的方坦庵就是同为“明末四公子”之一的方以智的堂叔，冒襄自明亡后终生拒不仕清，而方拱乾则选择了仕途。方拱乾受牵连流放宁古塔，出关前他将珍藏多年的宣德铜炉交由儿子保管，获释后寓居扬州，“邗江卖字书擘窠”。冒襄来扬探望老友，方拱乾出此炉共赏，冒襄睹物思情，念及自己所珍藏的诸多铜炉在鼎革巨变中流失泯灭，“余最妙一二，统散失于甲申、乙酉”，从而有感而发作了这篇《宣铜炉歌为方坦庵年伯赋》。《宣炉歌注》则是为《宣铜炉歌为方坦庵年伯赋》所作的注文。

宣铜炉歌为方坦庵年伯赋

龙眠先生须鬓皤，两朝鼎贵称鸣珂。

丝纶世掌遭迁播，邗江卖字书擘窠。

生平嗜古入骨髓，玩好不惜三婆娑。

有炉光怪真异绝，肌腻肉好神清和。

窄边蚰耳藏经色，黄云隐跃穷雕磨。

洼隆丰杀中规矩，红榴甘黛粉雷蝌。

我时捧视惊未有，精光迸出呼奈何。

恭闻此炉始宣庙，制器尚象勤搜罗。

宫闺风雅厌奇巧，炉煹精妙无偏颇。

或云流乌一夜熔宝藏，首阳铜枯汁流酡。

或云炼铜十二取轻液，式仿官瓷非鬲牺。

彝乳花边称最上，鱼蚰诸耳无相过。

博山睡鸭真俗丑，宋烧江制咸差讹。

工捶拨蜡昭千古，香篝火暖浮金波。

宜香宜火宜几席，宁惟鉴赏堪吟哦。

百金重购拟和璧，旃檀函贮文犀驮。

后来北铸并南铸，道南施蔡皆幺魔。

乱真火色终枯槁，磨治雕凿蛟龙呵。

平生真赏惟忏阁，同我最好沉江河。

抚今追昔再三叹，怜汝不异诸铜驼。

一炉非小关一代，列圣德泽相渐摩。

我今为公作此歌，万事一往何其多。

歌成乞公书大字，明日且换山阴鹅。

通过这篇赋文，我们知道冒襄的好友方拱乾结束流放后在扬州生活的情景。方拱乾好收藏，此文所提及的蚰耳铜炉就是其所珍之一。冒襄具体描述了此炉的器形、皮色的独特之处，炉体颜色为贵重的藏经色，“黄云隐跃”，沉静迷人。赋文中冒襄概括了宣德炉的源流和赏鉴法度，这在《宣炉歌注》中得到系统诠释：

宣炉最妙在色。假色外炫，真色内融，从黯淡中发奇光。正如好女子肌肤，柔腻可掐。爇火久，灿烂善变。久不著火，即纳之污泥中，拭去如故。假者虽火养数十年，脱则枯槁矣。

宣庙时，传内佛殿火，金银铜像浑而液。又云：宝藏焚，金银珠宝与铜俱结，命铸炉。

宣庙询铸工：“铜几炼始精？”工对以“六火，则殊光宝色现”。上命炼十二火条之。复用赤火熔条于铜铁筛格上，取其极清先滴下者为炉，存格上者制他器。炉式不规规三代鼎鬲，多取宋瓷炉式仿之。

宣炉以百折彝、乳足、花边、鱼、鳅、蚰蜒诸耳、熏冠、象鼻、石榴足、橘囊、香奁、花素方员鼎为最；索耳、分裆判官耳、角端、象鬲、鸡脚扁番环、六棱四方直角、漏空桶、竹节、法盏等为下。

宣炉仿宋烧斑，初年沿永乐炉制。中年嫌其掩炉本质，用番卤浸擦熏洗易为茶蜡。末年愈显本色，着色更淡。后人评宣炉五等色，栗壳、茄皮、棠梨、褐色，而藏经纸色为第一。金鎏腹下为涌祥云，金鎏口下为覆祥云。鸡皮色、覆手色，火气久而成也。

嘉靖后之学道，近之施家，皆北铸。北铸间用宣铜器改铸。

铜非清液，又小冶，寒俭无精采，且施不如学道多矣。南铸以蔡家胜，甘家蔡之鱼耳，可方学道。

真宣炉本色之厄有二：嘉、隆前尚烧斑，有取本色真者重烧，有过求本色之露，如末年淡色，取本色真炉磨治一新，甚有岁一再磨。景泰、成化之狮头彝炉等，后人伪易凿宣款以重其价。宣炉又有呈样无款最真妙者，后人得之，以无款恐俗目生疑，取宣别器有款者凿嵌，毕竟痕迹难泯，皆真宣之厄也。

一直以来，多有专文专著记载阐述宣德炉，而冒襄所作《宣铜炉歌为方坦庵年伯赋》和《宣炉歌注》两篇赋文，相较其他各家专论，其对炉之皮色的赏鉴为后世引用颇广，所谓“宣炉最妙在色”是《宣炉歌注》阐述的主题。冒襄认为皮色的优劣其实源自铜材品质和煅烧工艺的区别，只有高水准的精炼铜，才会经得起岁月摩挲，方能露其“真色”。文中记载嘉靖、隆庆前后对宣德炉皮色的赏玩风气截然不同，即前期尚烧斑，之后又流行素色、本色，导致宣德炉被人为破坏。除了皮色，冒襄对炉形即炉耳、炉足、纹饰的品位高下作了总结。

鉴赏宣德炉成为明清士人交游的重要内容，《宣铜炉歌为方坦庵年伯赋》和《宣炉歌注》两篇赋文因友人间的炉赏而起，而冒襄与同时期的邹臣虎（1574—约1664）亦多往来。邹臣虎，名之麟，号衣白，常州人，善临池、丹青，笃好古玩器皿，以物证史，以古启今，以物习艺，与古为徒。邹臣虎与冒襄一样皆为富有民族气节的明遗民，根据冒襄所记，邹臣虎收藏的宣德炉除了天鸡耳圆形鼎式炉之外尚有六七种，“余有别记”，足见其中风雅。

在冒辟疆的用香语境里，用香时必然是“陈设参差，台几错列，大小数宣炉，宿火常热，色如液金粟玉”。香炉的使用与室内布置相关，更取决于主人的性情雅好，不同香炉的陈设家居，或香几，或香桌，或画案，依据皮色、形制、尺寸等元素的不同，皆须相衬相得。

以古雅的宣德炉摩挲玩赏，品评香品，成为明清士人清致的生活方式之一，相互往来中歌咏宣德炉的诗文非常多，已然是风尚，比如清初状元王式丹写有《宣德炉歌为周中行作》。王式丹（1645—1718），字方若，号楼村，江苏宝应人，康熙四十二年状元，能诗善画，颇受康熙皇帝赏识，著有《楼村集》二十五卷。《宣德炉歌为周中行作》与冒襄的《宣铜炉歌为方坦庵赋》可为姐妹篇：

周子一生多古意，磊落闲身蜕世事。
抗怀欲著秦汉间，集古之录成癖嗜。
永昼垂帘萦篆香，宣德古铜发奇秘。
一从搜访市门东，冷眼笑看亨字记。
云是先朝铸四等，神物失却贞元利。
摩挲三日不离手，云霞浮动幽光腻。
譬如畸人久郁沉，一逢知者拔其萃。
眼前蜣螂日转丸，尔虽玩物岂丧志。
春风秋雨媚幽居，砚北窗西高位置。
有时对酒佐清吟，饥可当食倦不睡。
由来此事关性情，翰墨琴书并游戏。
俗人嗤点此何为，周子不言但一喟。

王式丹在诗中记录了好友周中行不但爱焚香，而且懂得赏炉。周中行兴趣在雅赏、精鉴，喜欢用宣德炉烧香，特别交代“永昼垂帘萦篆香”，不仅日间香烟不断，而且使用的是印篆香法，焚香时间长，可见宣德炉适合的香法很多，其中印篆香就是其一。周中行偶得一款明代宣德炉，皮色绝妙，“云霞浮动幽光腻”，与方坦庵所藏宣德炉的皮色“黄云隐跃穷雕磨”相近，可见好铜炉的皮色特点。周中行爱此炉，可以说是如影随形，四季皆用，并且把此炉放在重要的场合使用，或对酒，或醒神，或与翰墨琴书相衬，如同“梅妻鹤子”故事。

明清之际，冒襄对香学的发展有着重要影响，一方面是他用香的个人修为为世人所称道，另一方面他热衷交游，各地的香界专才与他亦师亦友，彼此勘验学问，推动了这个时期中国香文化的发展。

冒襄主要活跃在明末到康熙年间，其活动轨迹在南京、扬州和苏州三地。冒襄与扬州文士郑元勋（字超宗）互换兰谱，交往甚密，清初又先后与为任扬州的王士祯、孔尚任交游甚多。冒襄有次在扬州观端午竞渡（龙舟），追忆起自己在崇祯十三年（1640）参加的影园咏黄牡丹盛会，有感而发赋诗相寄于王士祯：“隋帝龙舟事尚存，偶来吊古独声吞。廿年重采扬州芰，一赋难招众友魂。冰雪壶中思旧令，垂杨影里失名园。桃笺写恨谁曾见？惟向王恭尽此言。”王士祯以《午日观竞渡寄怀家兄兼答冒辟疆感旧之作》作回应，说明彼此有深层的情感交流。冒襄与王士桢的雅集聚会中，用香是不可或缺的内容，在康熙四年春，王士祯、冒襄、邵潜、陈维崧等八人在冒襄的水绘园修禊，分体赋诗，成《水绘园修禊诗》一卷。其中有王士祯的《杨枝紫云曲二首》，在第二首中就有“黄金屈膝玉交杯，坐烬银荷叶上灰。法曲只从天上得，人间那识紫云回”。诗句中的银荷即荷叶形银片，是品香隔火工具，就是在爇烧香品的时候，埋炭火于香灰之中，在覆灰上置银叶，然后将香品放在银叶上加热蒸香，以求有香芬而无烟火燥气，这是宋明时期主要的用香方式之一。其中烧炭埋灰非常讲究，根据北宋《沈氏香谱》所记：“凡烧香用饼子（香炭），须先烧令通红，置香炉内，候有黄衣生，方徐徐以灰覆之，仍手试火气紧慢。”可见在清初焚香依然是雅集交游的重要内容。清初戏曲家孔尚任曾经数年在江淮间治河，与名士冒襄、石涛、汪琬等相往来。在扬期间他所创作的诗词中有关于虹桥修禊时用香的描写，在《清明虹桥竹枝词》第十二首云：“桥边久系阿谁舟？也爇香炉试茗瓯。好树桃花红照眼，贪赢马吊不回头。”清明时节文士聚会不仅要“试茗瓯”（即品茶），更要“爇香炉”（即热炉品香）。孔尚任在扬州举行“广陵第一会”时，即邀请了冒辟疆与会，彼此“高宴清谈，连夕达曙”。

中国香文化发展到两宋，沉香成为文士用香、制香的主要香料，因为只有沉香精纯的香芬才能充分表达士人所追求的精神境界——清致。到了明末，有很多文士描写与沉香相关的小品文章，但没有一位如冒襄这般采取笔记体以纪实性的手法来表达，让后世对明清文士们的香芬世界有清晰的认识，其中最具代表性的就是“忆语体”散文《影梅庵忆语》，其中《纪茗香花月》篇有：

> 姬每与余静坐香阁，细品名香。宫香诸品淫，沉水香俗。俗人以沉香着火上，烟扑油腻，顷刻而灭，无论香之性情未出，即着怀袖，皆带焦腥。沉香有坚致而纹横者，谓之“横隔沉”，即四种沉香内隔沉横纹者是也，其香特妙。又有沉水结而未成，如小笠大菌，名“蓬莱香”，余多蓄之。每慢火隔砂，使不见烟，则阁中皆如风过伽楠，露沃蔷薇，热磨琥珀，酒倾犀斝之味，久蒸衾枕间，和以肌香，甜艳非常，梦魂俱适。外此则有真西洋香方，得之内府，迥非肆料。丙戌客海陵，曾与姬手制百丸，诚闺中异品，然爇时亦以不见烟为佳，非姬细心秀致，不能领略到此。黄熟出诸番，而真腊为上，皮坚者为黄熟桶，气佳而通；黑者为隔栈黄熟。近南粤东莞茶园村土人种黄熟，如江南之艺茶，树矮枝繁，其香在根。自吴门解人剔根切白，而香之松朽尽削，油尖铁面尽出。余与姬客半塘时，知金平叔最精于此，重价数购之。块者净润，长曲者如枝如虬，皆就其根之有结处随纹缕出。黄云紫绣，半杂鹧鸪斑，可拭可玩。寒夜小室，玉帏四垂，毾㲪重叠，烧二尺许绛蜡二三枝，陈设参差，堂几错列，大小数宣炉，宿火常热，色如液金粟玉。细拨活灰一寸，灰上隔砂选香蒸之，历半夜，一香凝然，不焦不竭，郁勃氤氲，纯是糖结。热香

间有梅英半舒，荷鹅梨蜜脾之气。静参鼻观，忆年来共恋此味此境。恒打晓钟，尚未着枕，与姬细想闺怨，有“斜倚熏篮，拨尽寒炉”之苦，我两人如在蕊珠众香深处。今人与香气俱散矣，安得返魂一粒，起于幽房扃室中也！

一种生黄香，亦从枯肿朽痈中取其脂凝脉结、嫩而未成者。余尝过三吴白下，遍收筐箱中，盖面大块，与粤客自携者，甚有大根株尘封如土，皆留意觅得。携归，与姬为晨夕清课，督婢子手自剥落，或斤许仅得数钱，盈掌者仅削一片，嵌空镂剔，纤悉不遗，无论焚蒸，即嗅之，味如芳兰，盛之小盘层撞中，色殊香别，可弄可餐。襄曾以一二示粤友黎美周，讶为何物，何从得如此精妙？即《蔚宗传》中恐未见耳。又东莞以女儿香为绝品，盖土人拣香，皆用少女。女子先藏最佳大块，暗易油粉，好事者复从油粉担中易出。余曾得数块于汪友处，姬最珍之。

冒襄用很大的篇幅回忆了自己与董小宛的用香日常，其中就详细地列出了“横隔沉”“蓬莱香”“黄熟香”“生黄香”“女儿香”等自己常用的不同种类的沉香，并且对这些沉香的性状和香气作了详尽的描述。比如“蓬莱香”是“沉水结而未成，如小笠大菌”，上炉品闻则“如风过伽楠，露沃蔷薇，热磨琥珀，酒倾犀斝之味”，气清香而绵长，冒襄对“蓬莱香”香气的描述形象非常，可谓出神入化。描述“黄熟香”时则“块者净润，长曲者如枝如虬”，“黄云紫绣，半杂鹧鸪斑”，这种沉香尽管是人工栽培的，上炉品闻亦佳，“热香间有梅英半舒，荷鹅梨蜜脾之气”。

就沉香的产地来讲，冒襄认为国外进口的沉香以“真腊（柬埔寨）为上”，国产的沉香则重点提到了东莞地区人工培育的“黄熟香”，而“女儿香”其实就是东莞所产沉香的高品质者，被人们推崇的“蓬莱香”则产于海南岛。冒襄除了采买处理好的沉香，比如“余与姬客半塘时，知金平叔最精于此，重价数购之”，以至于“㝹片必需半塘顾子兼，黄熟香必金平叔”。同时，在选购“生黄香”时，常选未经清理的“大根株尘封如土”的沉香，以理香作为“晨夕清课”，可见清理沉香从来需亲力亲为，才能在操弄间品得沉香之深意。不同品种的沉香，用来上炉品闻还是结合其他香料修合成香品，是有不同要求的。

“姬每与余静坐香阁，细品名香……”冒襄爱香，董小宛善理香、合香，共处静室，同品佳香，二人相处到如此清雅境界，只怕千古难遇。

在《影梅庵忆语》中，冒襄认为这是粗俗地使用沉香的方法——“以沉香着火上，烟扑油腻，顷刻而灭，无论香之性情未出，即著怀袖，皆带焦腥”，即把沉香直接焚烧出香是不妥的，不但品闻不到沉香的真味，烟焦气也大。他提倡的熏法是“慢火隔砂，使不见烟”，这里的“砂”指类似云母片、银叶、玉片或者陶片的“隔砂”，让沉香同炭火隔开，用炭火的余温蒸出沉香的香气。“隔火”的具体方法为：“宿火常热，色如液金粟玉。细拨活灰一寸，灰上隔砂选香蒸之，历半夜，一香凝然，不焦不竭，郁勃氤氲……”在明清时期，日常香炉中的炭火是昼夜保持不熄的，所以称为“宿火”。冒辟疆所用的“隔火”香法，不但可以使沉香出香的时间长，而且没有或者少烟气。无论是“静坐香阁”，还是“玉帏四垂”的“寒夜小室”，此法最适合“静参鼻观”了。

除了单品沉香，冒襄还根据香方用多种香料制作和香，“丙戌，客海陵，曾与姬手制百丸，诚闺中异品”，文中又记“非姬细心秀致，不能领略到此”，可见董小宛修合香品是妙手。香丸的出香方法依然讲究“以不出烟为佳”。用合香之法制作香品，是文士用香的重要考量，自徐铉“亲私”伴月香以来，历代多有热衷谱写香方者。

从《影梅庵忆语》中，我们可以析出冒襄的“香圈”。“襄曾以一二示粤友黎美周，讶为何物，何从得如此精妙？即《蔚宗传》中恐未见耳。”冒辟疆在南方购得广东所产极妙沉香，得意非常，与好友黎美周（1602—1646）分享，以冒襄的香学涵养，让黎每周来鉴赏品评，足见黎美周对香品的鉴赏功夫。黎美周曾受扬州影园主人郑元勋邀请参加“黄牡丹诗会”，他与其他文士即席分赋《黄牡丹》七律十章，被钱谦益评为第一，获得“黄牡丹状元”，名震大江南北。后在明清鼎革之际，黎美周于抵抗清军的赣州保卫战中以身殉国。黎美周爱香，与冒襄、郑元勋、吴伟业等相往来，对香的鉴赏是他们交游的重要一项。黎美周写有长诗《宝香篇》：

君不见，
罗浮山上五色鸟，罗浮山前千岁香。
枝巢仙鸟皮皴紫，根穴神龙涎吐黄。
香名入谱称黄熟，香意如兰发锦堂。
锦堂公子曳罗衣，绣阁娇娥卷翠帷。
独愁春梦泥人重，渐觉秋风到雁飞。
绫矜腻折酥痕染，银烛光摇眼晕微。
玉润正宜烟袅娜，钗寒时拨火依稀。
亦有霞蒸云蔚雨，更入脂凝冰作土。
雪变遥峰人倚楼，烟迷晚树舟横浦。
晴散游丝罥落花，煖吐卿云开列户。
棹移莲岛醉鸳鸯，帘卷梅檐慰鹦鹉。
鹦鹉收香芳树头，鸳鸯选睡杜蘅洲。
可怜韩寿称同气，记得荀君曾遨游。
口含鸡舌兰言结，袖传龙脑兰心留。
出浴拭汤分姊妹，是乡如梦老温柔。
忽讶飞仙来入坐，一片投卿赢百和。
雨云如娃相思影，石花似沁留欢唾。

缠发深萦玛瑙纹，积血还凝琥珀破。
越客鲛绡并裹将，吴儿玉腕工磨锉。
吴儿越客快相期，金鸭铜瓶佐酒卮。
沉沉花气初云际，恰恰香烟欲起时。
清歌婉转回薄扇，明窗缥缈闲修眉。
劝君休避酒力重，对此兼于茗色宜。
春茗争传五侯宅，腊酒频仍七贵席。
舞衫惹麝嫌腥膻，倚烛熏笼长叹惜。
悦意邀供翡翠裘，知恩衔报珍珠舄。
笑问如何号返魂，搜寄殷勤勿怀璧。
狂客掀髯玳瑁筵，为忆吴公在郡年。
召棠潘花并栽植，珊瑚芝草相辉联。
却笑交情歌伐木，别有清操咏酌泉。
习静朝调息，欢心夜供禅。
篆风余麈尾，兽炭引镫前。
鼻观不同烟火气，赠君聊赋宝香篇。

如果说冒襄的《宣铜炉歌为方坦庵年伯赋》道出了宣德炉的前世今生，黎美周的《宝香篇》则写尽了中国香的风雅历史。爱香的黎美周为广东人，对附近罗浮山所产沉香有着不一样的情感，诗中所称的“千岁香”，性状为“根穴神龙涎吐黄”，即香谱所称的“黄熟”，与冒襄在《纪茗香花月》篇所记的“黄熟”为同一种香，即“近南粤东莞茶园村土人种黄熟，如江南之艺茶，树矮枝繁，其香在根”。由此可见冒襄与黎美周在香学上的勘验与交流。

在冒辟疆的存世作品中，还有大量以香言意、以香寓情的诗文，比如在七言诗《寿马五舅氏五十》中，有“手弄云烟五十年”“兰熏麝越佐冰鲜”等句。冒襄在焚香中所追求的文人清致，正是彰显了时代士人的品位与气节。

香文化的发展反映的是不同地区文化、习俗和工艺相互交融的过程，生活用香具有分享和交流的属性，师生之间、主客之间、亲友之间，以香为交游与切磋者，史不绝书。而夫妻间借香倾诉情意，也是东方式的风雅，汉有秦嘉与徐淑的“芳香去垢秽，素琴有清声”，明有冒襄与董小宛的“影梅庵”故事，而晚至清代又有许迎年、徐德音伉俪借香唱和的佳话。用香诸事对于他们来说，是燕居的日常，香文化与香学中“构”字的程式仪轨被融汇成了缕缕暖香情意。

运河之城扬州，是全国文化和工艺的交会之地，孔尚任在《与李畹佩》中有言：“广陵为天下人士之大逆旅，凡怀才抱艺者，莫不寓居广陵，盖如百工之居肆焉。”扬州香文化有两千多年的历史，本土文士用香则以南唐、北宋之际徐铉的“伴月香”为开端，并在欧阳修、苏轼等“文章太守”倡导的扬州雅集风尚中将香赋予人文元素，有《鼻观香》等宋代扬州士人所谱写的香方传世。由明入清之后，诗坛盟主王士祯主导的虹桥修禊文会影响大江南北，扬州香文化得到进一步发展，后来两淮盐运使卢见曾等主政时期，扬州成为天下士人首选的游幕之地，无形中推动了扬州雅集文化的再度繁荣，香作为雅集元素的繁荣推动了本地制香工艺的大发展，制香业在康乾时期成为扬州重要的传统产业。

大运河边的扬州是一座海纳百川的文化与艺术融合之城，香则是扬州与运河沿线城市联络最有温度的艺道。扬州有一位才子许迎年，杭州有一位才女徐德音，他们同处运河线上，因缘际会结为伉俪。他们热衷用香，涉香诗作数量可观，在康乾诗坛非常具有代表性。他们以香的唱和将杭州与扬州这两座运河古城连接在一起，演绎出中国香文化最美的风景。

许迎年，字荔生，1682年生，在康熙三十九年考取进士，官至中书舍人，有《槐树诗抄》传世。许迎年夫人徐德音，字淑则，1681年生，晚年自号绿净老人，著有《绿净轩诗抄》。大儒阮元在《淮海英灵集》第三卷“许迎年”条下有注：“魏周琬称其诗于曹刘陶谢、杜韩温李无不学，而融液于己之性情……”对于徐德音的诗，阮元认为其诗“工丽绝世”。夫妇二人的涉香诗作目前主要收录于《江都许氏家集》（清乾隆刻本）中，多为以香寄游怀古、唱和酬答、歌咏香物等主题。

许迎年夫妇有多首关于杭州纪游的诗作，许迎年在《净慈寺》中有“泠泠钟语千岩应，细细炉烟宝炷添。得遇山僧留信宿，庭前柏子试同拈”，徐德音在《湖上行次墨庄集韵》中有“松风吹袂声泠然，白舫闲消半篆烟”等，或访高僧、或纵棹、或闲居，处处留心，香总与他们如影随形。史载夫妇二人感情甚笃，艺林比之徐淑秦嘉，恐怕正是因为夫妇二人对香、古琴方面的共同兴趣吧。

夫妇二人以香为题旨相唱和的诗作则更多。在许迎年《斋居春雨次淑则韵》中有“文犀低押风声密，宝鸭微熏篆影温”，句中“宝鸭”一般是指凫鸭造型的香熏炉，或铜质或瓷质，常安置在文房或卧室。“篆影”一词描写了“宝鸭”焚香所用的香法为印篆香。诗中二人在香风暖意中，以诗文切磋相消遣。同时徐德音有《春夜和荔生韵》和《次荔生月下口占》两首诗相唱和，诗中“余香温小篆，微露润疏花”“酒阑灯炧浑无寐，银叶重将小篆添”之句都是使用篆香香法的场景，一香凝然，书斋闺房联吟，伉俪相得。

徐德音在《绿净轩诗抄》卷二有《同荔生夜坐》一诗，“侍女添香理薄衾，朔风如瀑夜窗深”，这里“侍女添香”添的不是红袖之香，而是添加熏笼里熏炉的香。在陪夫君夜读的时候，让侍女熏洁就寝时的贴身衣物，是关切丈夫夜读苦吟，催促夫君早些休息。同样的场景出现在《望前四日与荔生月下分韵》中，“更呼侍女添龙脑，谱作长瑶和绿琴”，这首诗中侍女添香主要是为了点缀良宵美景，观袅袅青烟以抚琴和鸣。丈夫在身边则焚香伴读左右，丈夫远行时又是怎样的情形呢？在徐德音《荔生入直月夜独坐作》中有“朦胧月色映栏杆，寂寞虚窗小篆残。横笛怕闻添客思，熏笼自倚觉春寒”，“入直”指许迎年值班供职，徐德音没有同行，夜深时炉中篆香已经燃尽，余下的香灰迂回曲折正如她此刻的心情，同时斜倚的熏笼已没有暖意，月夜独坐，借香残炉冷抒发自己对远行丈夫的思念和关切。徐德音还作有《熏笼》一诗："衾裯夜夜温，香蕴龙涎好。绣阁自生春，红颜不肯老。"从中可知焚香熏衣不是即兴而为，是夜夜要做的日常。就熏衣被来说，徐德音熏香衣物时钟爱使用有花香韵味的龙涎香品。

夫妇二人用香所使香具有多种，比如上文提到的鸭熏、篆炉、熏笼等，但二人最为钟爱的则是"鹊尾炉"。许迎年在其诗《琴声》中开篇就是"清斋人静理桐君，鹊尾金炉相对焚"，"理桐君"即抚琴，此时与古琴相衬的是"鹊尾金炉"，这是一款兴起于南北朝时期的长柄手炉，因炉柄似燕鹊的尾羽而称之。同时徐德音在《雨窗感怀》中有"鹊尾熏炉七尺桐，阆仙多恨学真空"之句，也以鹊尾炉与古琴"七尺桐"相衬，此鹊尾炉与许迎年《琴声》诗中说提鹊尾炉当是同一物。此炉在徐德音的诗中常常被提及，比如在《爇鼎焚香》中有"鹊尾初试鹧鸪斑，拂拭桐丝玉指寒"，在《四时闺词用郑奎妻韵》中有"雀（鹊）炉袅袅龙涎吐，风乱檐铃雪片舞"等，由于鹊尾炉是夫妇二人共用之物，许迎年过世之后，徐德音常常睹物思情，诸多凄凉借此鹊尾炉流露在字里行间。在明清时期，人们常以小口径铜炉作琴炉，而许迎年徐德音夫妇抚琴必以鹊尾炉来焚香，可见二人对此炉的情感。

夫妇二人不但弄琴、夜读、熏衣、观月要用香，就是午休也要在一缕香芬之中，许迎年在《昼寝》中就有"春昼初长拾翠慵，篆香一缕出帘笼"，同样徐德音《偶成》中也有"昼长自爱北窗眠，紫栈重添一缕烟"的描写，一唱一和中可见夫妇二人志趣相同，性情相通，真乃天设一对，地造一双。徐德音在《湖上行次韵墨庄集韵》中有"白舫闲消半篆烟""紫笋钗头分建茗"之句，焚香与品茗，自宋以来即清雅之事，徐德音品茗之时，怎么可能缺了一炉篆香。对徐德音而言，一天的生活就是从添香焚香开始，比如清代梅成栋在《津门诗钞》卷二十九"许佩璜"条引《秋坪新语》有："（徐德音）所役婢十二，取名古雅，皆美仪容，善辞令。每值添香、更衣、卷帘、伺座，鸣环动佩，望若仙人。"此"添香"与同时期郑燮《题画竹》中"家僮扫地，侍女焚香"及《靳秋田索画》中"今日晨起无事，扫地焚香，烹茶洗砚”意趣相似，当时扬州士人以焚香作为一日诸事的开始。

徐德音出生于钱塘官宦世家，才情兼具，根据清朝恽珠《兰闺宝录》记载：“（徐德音）嗜汉学、金石、虫鱼，考订精核，著述甚富。”她与康乾时期扬州文坛诸宿往来颇多，廖景文的《古檀诗话》有如下记载：“缪毅斋孟烈嘱画师绘一小像，带剑乘马，郑燮题其签曰‘投笔图’，文士题咏甚夥。邗江许夫人五律云云，意既周匝，笔复浑融。”此处“许夫人”即徐德音。同时她收罗聘之妻方白莲为弟子，在罗聘《白莲半格诗序》中有记载：“闺中人方氏婉仪，字曰白莲。幼承家学，即工半格诗……同里许太夫人亦目之（方白莲）为女弟子云。”根据学者丁家桐考证，管希宁（1712—1785）曾作有《寒闺吟席图》，画中六位女诗人，于冬日聚会联诗，年长者一人，即徐德音，年轻者五人，分别为孙净友、罗秋炎、方白莲、袁棠、汪孟翊，皆一时才媛，为此翁方纲作诗：“一幅五名媛，许姥颜发苍。自号净绿老，色香扫丹黄。”可见徐德音晚年凝聚了一批女诗人的同时，自己多年爱香、用香对康乾时期扬州文化圈有潜移默化的影响。

仅就《江都许氏家集》而言，其中所收录的许迎年与徐德音涉香诗作还有很多，对香炉器、香料、用香之法、香文会等都为融于生活的写实描述，是香学“构”的生动演绎。

日常用香过程中留心观察烟气的万千变化，很多艺术家从中得来创作灵感，这是一个以自然为师的心灵飨宴。比如在书画创作中，烟形幻化作水墨，又映射着林泉烟霞。近代京剧艺术大师盖叫天的香世界里，一缕青烟，则是一生的陪伴，是艺术的源泉，精神的涵养。

盖叫天（1888—1971），原名张英杰，号燕南，著名京剧表演艺术家。他开创“盖派”表演艺术，讲究舞台造型的演绎，擅长“武松”戏，有“江南活武松”之美誉。盖叫天先生爱香，日常时时用香，我们从他在上海和杭州两处住所的陈设上可见一斑。盖叫天先生在上海前期住在宝康里，而杭州的燕南寄庐则是他自己置地建造的。根据秦绿枝先生在《采访盖叫天》中记载，盖叫天宝康里住所的客厅是这样陈设的：

> 他们家的客堂排得满满的。靠里边正中是长长的案几，前面挨着大的八仙桌，供了好多佛像，究竟是些什么像我也说不清楚。八仙桌前面又放了一张小方桌，桌上放了一个小香炉。烧着檀香末，客人来了盖老总是要再放一些香末进去，顿时又一小股青烟袅袅升起，挟着一股清香。客堂两旁放着老式的太师椅。放香炉的小方桌前面放两张小椅子，面对面，左首一张是主人坐的，客人就坐右首那一张。客人多的话就坐旁边的太师椅。看起来好像很拥挤，又很有格局。

根据秦绿枝先生的描述，盖叫天上海客厅是传统的里弄陈设，案几、八仙桌、太师椅等，规矩而紧凑。独特的地方是用来待客的小方桌和小椅子。在小方桌上放有一只小香炉，有客人来了，会投放香末进炉焚烧，以清香待客，同时这香炉藏有宿火，昼夜不息，可见这香炉焚香用来待人接物，同供佛敬道所用的香炉用途不同。盖叫天所用的香料是檀香，形态是檀香末，这种用香时尚梁实秋在《谈闻一多》一书中有类似的记载：

> 珂泉一年很快结束了，我到哈佛大学继续念书，一多要到纽约，临别不胜依依。一多送了我他最心爱的《霍斯曼诗集》两册及《叶芝诗集》一册，我送给他一具珐琅香炉，是北平老杨天利精制的，上面的狮子黄铜纽特别细致，附带着一大包檀香木和檀香屑。一多最喜欢“焚香默坐”的境界，认为那是东方人特有的一种妙趣，所以特别欣赏陆放翁的两句诗：“欲知白日飞升法，尽在焚香听雨中。”他自己也有一只黄铜小香炉，大概是东安市

> 场买的，他也有檀香木，但是他没有檀木屑。焚香一定要有檀木屑，否则烟不浓而易熄。一多就携带者我这只香炉到纽约“白日飞升”去了。

梁实秋与闻一多作别时，除了送了香炉，并且附赠一大包的檀香木和檀香屑。闻一多与盖叫天生活的年代相距不远，可见当时人们的用香习惯主要是以焚烧檀香屑为主，并且多为日常燕居用香。张爱玲在小说《沉香屑·第一炉香》开头为：“请您寻出家传的霉绿斑斓的铜香炉，点上一炉沉香屑，听我说一支战前香港的故事。您这一炉沉香屑点完了，我的故事也该完了。”这里描写所用的是沉香屑，反映了这个时期用香的潮流特征。盖叫天用香除了焚烧檀香屑这种方式，更多的是线香，在《采访盖叫天》中的《家里那一支香》篇有这样的记载：

> 想想从前那个日子，没灯没火的，有一个时期，盖叫天不唱戏，境况困难，为了省钱，晚上连矿烛也不点的。可是盖叫天一日三次功是非练不可，黑洞洞的，找不到目标，怎么办呢？有办法，就在香炉里点起了一支香，那一点通红的香头，就是目标，有时候当它是台下的观众，有时候当它是台上的对方。

可见即使在生活最困难时，盖叫天也会焚香不断，至少会用上线香，当然这里线香更多的功用是辅助自己夜间功课。香此时已经是生活的必需品，正如古代的一首打油诗《焚香读书》所言：“常愁无钱买酒米，且喜今朝有香焚。无钱买米不算贫，有书无香真要命。”

盖叫天在杭州金沙港的燕南寄庐因为是自建，空间大，许多设计和陈设反映了他的用心。目前恢复开放后的燕南寄庐已经成为旅游景点，宅子中最引人注目的是书房和罗汉堂。书房位于正西侧，是盖叫天学习、创作书画和揣摩艺术的主

图16　杭州盖叫天故居

要场所。重新修整后书房的内部格局有了一定的改动，但书房里挂有一幅盖叫天绘画的旧照，地点就是原书房，通过此照可见盖叫天身后的书柜上陈列有众多香炉器，有用端熏炉、带盖冲耳三足炉、簋式炉、鬲式炉、瓜棱形香盒等，款式众多，可见盖叫天对焚香之事的热衷。罗汉堂位于整个院落的西北侧，被设计成一个相对独立的小院子，是整个院落最安静的地方。根据盖叫天后人回忆，罗汉堂是一间香烟缭绕、庄严幽静的所在，是盖叫天孤灯素斋、修身养性的地方，与书房相比，罗汉堂更像传统士人的静室。

盖叫天之所以能成为一代京剧大家，与他不拘教条、勇于创新有关。他能从日常平凡生活中提点艺术灵感，其中就包括观察焚香所产生的青烟。在《武生泰斗盖叫天》一书的《车轮下化出乾坤圈》中，有这样的描写：

盖叫天也有丰富的业余爱好。他喜欢独自一人点着一炷香，对着升起的青烟静思。坐在青烟旁，他得到境宁心静的时机，从那袅袅的青烟中，吸取了很多艺术营养。“盖派”艺术主要特征之一的“扭麻花”动作和亮相，就是他从动着的青烟中领悟到的。他把那左右飘动或缠绕徐徐上升的青烟，都看着是舞姿。“扭麻花”动作和亮相，就是像青烟一样，尽量强调身子的转折，使姿势富于变化，突出持重而又轻盈的特点。

再如他烧的檀香，那股袅袅上升的烟云，盖叫天也不肯就此错过。风从东面吹来，烟云弯弯曲曲地侧向西边去，是那么柔和，自然得好看。盖叫天在《洗浮山》里的趟马，那个身段，不就是烟云袅袅上升而变化的形态么？

盖叫天是武生大家，“盖派”成为京剧武生重要流派，盖叫天演绎的武松已经成为经典，戏剧家田汉先生为他写有“此是江南活武松”的诗句，这都得益于盖叫天从注重造型美中表现人物的精神气质，而造型美的重要灵感来源就是炉烟。袅袅青烟，或扶摇直上，或腾挪跌宕，盖叫天可以从烟形的变化中得来万般灵感。著名戏剧艺术家欧阳予倩这样称赞盖叫天的艺术造诣：“生动、灵活、飘逸、刚健而准确的动作，构成舞蹈的美，表现出勇敢坚定的英雄形象……刚劲有如百炼成钢，也可以柔软得像绸子，快起来如飞燕略波，舒缓之处像春风拂柳，动起来像珠走玉盘，戛然静止就像奇峰迎面。”这字里行间，描绘的不正是一炉青烟的万般姿态吗！

正因为在青烟中受益良多，盖叫天在对外教授技艺和讲学时也经常用炉烟作形体要领的教学素材。他曾说：“舞蹈，是由一个身段和另一个身段连接起来的，这些连接起来的身段怎样才能表现出美？除了使每一个单独的身段本身要做得准确、优美之外，还要使前后动作连而不连，断而不断。什么叫‘连而不连，断而不断’呢？打个比喻：一炷香点燃了，一缕青烟袅袅升起，风一吹，它随风飘散，但仍然不断，像连着又像没连着……”谈到富于转折的动作，他说：“这就像烟，东来的风我往西，西来的风我往东……”可见焚香观烟的妙趣，只要身临其境必有心得。盖叫天次子叫张二鹏，传承家学，发扬盖派艺术“武戏文唱”的特点，他所演绎的孙悟空亦为观众称道，而焚香观烟是张二鹏的日常功课。

根据秦绿枝先生的回忆：

> 在盖叫天的上海家中，客堂里挂了一幅横批，写着“静观自得”四个字。盖叫天差不多每天都要对着它坐上一二个小时，家里人也不来打扰他，让他一个人静静地坐着，静静地想，把所有的思绪都集中到了他的戏上，什么舞圈、舞鞭，都从这里找到了灵感的。

由于盖叫天在上海的这处居所空间狭小，客厅除了用来待客，更多的是当作静室来使用。盖叫天静坐时，家人不来打扰，在一炉香中自成小天地，所谓静能生慧，正是静坐的意义。汪曾祺在其《无事此静坐》中写道：

> 大概有十多年了，我养成了静坐的习惯。我家有一对旧沙发，有几十年了。我每天早上泡一杯茶，点一支烟，坐在沙发里，坐一个多小时。虽然是端坐，然而浮想联翩。一些故人往事、一些声音、一些颜色、一些语言、一些细节，会逐渐在我的眼前清晰起来、生动起来……我的一些小说散文，常得之清晨静坐之中。

盖叫天客厅静坐，汪曾祺晨起端坐，是士人间的默契，正如齐白石题画所言：“心闲气静时一挥。”

第四章

香之合

第四章

香之合

北宋颜博文《香史》中记载：

> 合香之法，贵于使众香咸为一体。麝滋而散，挠之使匀；沉实而腴，碎之使和；檀坚而燥，揉之使腻。比其性，等其物，而高下之。如医者之用药，使气味各不相掩。

沈立《香谱》有云：

> 香非一体，湿者易和，燥者难调，轻软者燃速，重实者化迟。火炼结之，则走泄其气，故必用净器，拭极干，贮窨密，掘地藏之，则香性相入，不复离群。新和香必须窨，贵其燥湿得宜也。每约香多少，贮以不津瓷器，蜡纸密封，于净室中掘地，窨深三五尺，瘗月余逐旋取出，其香尤裔旎也。

合与和，是香谱、香史类书籍中常用字，有时连用，顺序不同，含义略有区别。合和，是指代制香的动作过程，包括修合、调制、窨藏等步骤；和合，一般与香字连用，即和合香，为名词，表达众香料调和为一的意涵。所以合字主要表达制香、艺香的动作，同时合字蕴涵着中国传统香的基本要义，那就是依香方制作。中国传统香脱胎于中药方剂，皆有相应的制香配方为本，即香方。其中士人所谱写的香方更是注重香方落实、修合、交流和传承。香品的制作原则取法于合药，合香如合药，即颜博文所说的“如医者之用药”。所以合香的时候，须符合“君臣佐使”“七情和合”“升降浮沉”等法度。一般符合规制的香方，包含香料的种类、香料的重量、化香法、合和步骤以及窨藏要求。由此可见，制香作为一门工艺，香方具有核心地位。

“君臣佐使”是中医方剂配伍的基本原则，在《黄帝内经·素问·至真要大论》有如下论述：

君一臣二，奇之制也；君二臣四，偶之制也；君二臣三，奇之制也；君三臣六，偶之制也。

……

帝曰：请言其制。

岐伯曰：君一臣二，制之小也；君一臣三佐五，制之中也；君一臣三佐九，制之大也。

……

帝曰：善。方制君臣何谓也？

岐伯曰：主病之谓君，佐君之谓臣，应臣之谓使，非上下三品之谓也。

帝曰：三品何谓？

岐伯曰：所以明善恶之殊贯也。

《神农本草经·序录》亦有论述：

> 药有君臣佐使，以相宣摄合和，宜用一君二臣五佐，又可一君三臣九佐也。
>
> 上药一百二十种为君，主养命以应天，无毒，多服久服不伤人，欲轻身益气不老延年者，本上经；中药一百二十种为臣，主养性以应人，无毒有毒，斟酌其宜，欲遏病补虚羸者，本中经；下药一百二十五种为佐使，主治病以应地，多毒，不可久服，欲除寒热邪气破积聚愈疾者，本下经。三品合三百六十五种，法三百六十五度，一度应一日，以成一岁。

李东垣（1180—1251）《脾胃论》：

> 力大者为君……君药分量最多，臣药次之，使药又次之。不可令臣药过于君，君臣有序，相与宣摄，则可以御邪治病矣。
>
> 主病之为君，兼见何病，则以佐使药分治之，此制方之要也。

一般认为《黄帝内经》成书的时间比《神农本草经》要早，其中一个重要节点是汉武帝时期大儒董仲舒推行“罢黜百家，独尊儒术”思想，反映在两书对“君臣佐使”的阐述略有区别。比如《黄帝内经·素问》中还有“君二臣四”“君二臣三”“君三臣六”等配伍理念，在以君权为上的汉武帝时期及之后，应该是不会出现的。

同时对“君臣佐使”的理解，也是一个不断发展的过程。这主要体现在“佐”“使”的细分使用上。在《黄帝内经》《神农本草经》中基本是“君、臣、佐使”或“君、臣佐、使”的划分，即三个层级。到了北宋则是“君、臣、佐、使”四个层级，比如沈括（1031—1095）在《梦溪笔谈》卷二十六《药议》中就把“佐”

“使”单独分开，唐慎微（北宋中后期人）在《经史证类备急本草》中亦提出“一君二臣三佐五使”的观点。

可见对中药配伍来讲，“君”药是针对主病或主证起主要治疗作用的药物，“臣”药是辅助君药加强治疗主病或主证的药物，“佐”药是配合君药以加强治疗作用，或直接治疗次要症状的药物，有的是为了消除或减轻“君”“臣”的毒性等，“使”药是作为药引子，能引方中诸药至病所，有的能起到调和方中诸药作用。

对于香方来说，特别是士人“亲私”的制香配方，不同于宗教香方、民俗香方、药香方，“君”香多选用沉香。一方面是由沉香的香料特性所决定的，宋人合香优先使用海南沉香，是其香清、烟润、气长的特性符合人们对清致香气的追求。另一方面，是由于苏轼、黄庭坚等对海南沉香推崇而带来的文化效应。苏轼写有很多诗文表达自己对海南沉香的偏好，比如在其《沉香山子赋》中有：“矧儋崖之异产，实超然而不群。既金坚而玉润，亦鹤骨而龙筋。惟膏液而内足，故把握而兼斤。顾占城之枯朽，宜爨釜而燎蚊。”最重要的是沉香作为一种香料，具有调和诸香的功能，南朝时期的范晔在所写《和香序》中有“沉实易和，盈斤无伤”的总结。

根据香学家刘良佑先生所著《香学会典》所记，目前沉香主要生长在热带雨林中的瑞香科沉香树上。沉香树不一定可以结出沉香，这和檀香树中的木材天生就可作为檀香料的情况不同。自然生成的沉香需要特定的条件：

第一、必须是瑞香科等特定沉香树种。

第二、树干中有成熟且发育良好的树脂腺（通常为三十年以上的成树）。

第三、树上曾有深达树干木质部的伤口，伤口可能是刀斧、自然力或虫蚁所造成的；如果伤口快速痊瘉，则不会结香。

第四、树干伤口需被微菌感染，使得伤口周围的组织受刺激异化为膏脂状的结块，如此等等。

瑞香科的沉香树主要分布在亚洲东部和东南部的三个不同地区，树种亦有区别。中国广东、广西、云南、香港、海南岛等地所产为莞香树；老挝、柬埔寨、越南所产为蜜香树；印度尼西亚、马来西亚和泰国南部为鹰木香树。刘良佑教授深入全球各主要沉香产区寻香考察，所著的《香学会典》对各主要产区的沉香有翔实的记录和总结。对于制香选料来说，以甜、凉为特征的越南沉香自古以来也是选择之一，刘良佑教授认为越南沉香不管是生香还是熟香，通体都是一色，其中生香黄皮黑沉，即表面有一层孔隙粗糙的奶油黄色木膜，木膜下就是十分坚硬的黑褐色沉香，熟香以“黄土沉”“黑土沉”“红土沉”最为著名。“黄土沉”以香甜气取胜，肉多而少皮，芯骨稍软；“黑土沉”以清凉气取胜，是沉香中凉意最好的一种；“红土沉”香气浓烈，甜中带点辛辣，又有些杏仁气味。

关于沉香的辨别和分类，特别是国内所产沉香，自宋以来论述众多，我们参考明代末年《本草纲目》的记载。这个时期国人经过元明时期的国际大交往，对香料的认识更详细，甚至深入沉香产地，对沉香的辨识多依据第一手资料，值得借鉴。

《本草纲目》将沉香分为三类，分别为水沉、栈香和黄熟香，是依沉香入水的沉浮状态来区别，其实是考量沉香所含芳香油脂比例的高低。水沉即入水即沉，栈香入水半沉半浮，黄熟香即香之轻浮者。其中水沉分为熟结、生结、脱落、虫漏四类，熟结是“膏脉凝结自朽出者”，生结是“刀斧伐扑，膏脉结聚者”，脱落“乃因木朽而结者”，虫漏“乃因蠹隙而结者”。水沉又有角沉、黄沉、蜡沉、革沉四种分类，“角沉黑润、黄沉黄润、蜡沉柔韧、革沉纹横”。栈香或作煎香、婆莱香、弄水香，“有大如笠者，为蓬莱香”，“有如山石枯槎者，为光香”。黄熟香即速香，“有生速，斫伐而取者”，“有熟速，腐朽而取者”，“其大而可雕刻者，谓之水盘头”。《本草纲目》又载：“以刀斫曲干斜枝成坎”，“经年得雨水浸渍，遂结成香”，“其香结为斑点，名鹧鸪斑”；“依木皮而结者，谓之青桂，气尤清”；“在土中岁久，不待刓剔而成薄片者，谓之龙鳞”；“削之自卷，咀之柔韧者，谓之黄蜡沉”。李时珍认为沉香“咀嚼香甜者性平，辛辣者性热”。

图17　唐　阎立本《职贡图》　台北故宫博物院藏

沉香中有一类珍稀的品类被称为“棋楠”，又称奇南、伽南、茄蓝等，宋陈敬在《新纂香谱》中有：“迦兰木，一作迦蓝木。今按：此香本出迦兰国，亦占香之种也。或云生南海补陀岩。盖香中之至宝，其价与金等。”明屠隆在《考槃馀事》卷三有：“随其所适，无施不可。品其最优者，伽南止矣。第购之甚艰，非山家所能卒办。”由此可见棋楠之尊贵。

根据《香学会典》的阐述，莞香系有绿棋、黄棋、白棋三种，其中绿棋比较多，黄棋次之，白棋最少而黑棋则极为罕见，亦产紫棋，但品质不如越南蜜香树的好。棋楠不同于一般沉香的地方是有香韵的变化，比如绿棋楠初香清越、本香甜凉、尾香转为乳香味。越南紫棋楠肉质红褐色，从外观上可分为两种，一种肉质灰紫色呈板片状，一种肉质红紫色呈丝条扭曲状，区别是前者本香甜凉而后者没有。

传统香方中其他常用的香料众多，主要香料基本与佛教用香有关联，根据释大熙《金堂香事》所记：

> 《普贤行愿品》七支中，恭敬先于供养，供养先于随喜，随喜先于请转法轮也。其曰：“以诸最胜妙华鬘，伎乐涂香及伞盖，如是最胜庄严具，我以供养诸如来。最胜衣服最胜香，末香

> 烧香与灯烛，一一皆如妙高聚，我悉供养诸如来。”供养之财物，如上所引，以香物最具典型。香料既分粗精，学者自当求精，然而但随力能，首以恭敬。故藏地古僧楪窮瓦有曰：“我于最初供养香草，其气辛辣。次有四合长香供养，其气甘美。现在供养，若沉水香、嘟噜迦等，其气香馥。”

可见中国合香工艺的发展充分汲取了印度佛教香文化元素，合香所用的主要香料在佛典梵书中皆有相应的专称。檀香，梵书称旃檀，有黄檀、白檀、紫檀数种；乳香即薰陆，梵书称天泽香、多伽罗香、杜噜香；丁香，分丁子香和母丁香（即鸡舌香）；安息香，梵书称拙贝罗香，不宜于烧，而能发众香，故人取以和香；龙脑香，又名片脑，梵书称羯婆罗香，龙脑须别器研细，不可多用，多则掩夺众香，膏名波律香，忌湿；麝香，又名香麝、麝父，梵书称为莫诃婆伽，研麝须着少水，自然细，不必罗也，入香不宜多用，及供神佛者去之，冰麝忌暑；降真香，一名紫藤香，一名鸡骨，烧之初不甚香，得诸香和之则特美；苏合香，梵书称咄鲁瑟剑；甘松香，梵书谓苦弥哆，能开脾郁，可合诸香及裛衣；藿香，梵书谓之多摩罗跋香、兜娄婆香、钵怛罗香，须拣去枝梗杂草；甲香，即香螺厣，善能馆香烟，与沉、檀、龙、麝香用之，尤佳；龙涎香，能收敛脑麝气，虽经数十年香味仍存；艾纳香，松树皮上绿衣，可以合和诸香，敛香气，能令不散，烟直上；荔枝香，取其壳合香最清馥；藁本香，古人用之和香；白胶香一名枫香脂，梵书谓须萨折（阇）罗婆香；沉香梵书名阿迦�香；等等。

由上可见，很多香料单用时香气不佳，只有在制作成和合香后才会散发出迷人的魅力，比如降真香、甘松香、藁本、唵叭香等。而有的香料不以香气取胜，纯粹是修正整体香韵或调节烟气的用途，比如甲香、艾纳香、麝香、龙涎香等。

各类《香谱》将制香所用的香料称之为“香品”“香之品”。南宋谢采伯在《密斋笔记》卷四中将香料的气味分为五种，分别为“清”“甘”“温”“烈”

“媚”，即：

梅类脑，香清。茉莉类海南脱落沉，香甘。杏花类笃耨，香温。荷花类蛮沉，香烈。素馨类麝，香媚。诸花香天韵俱胜绝，诸香品却有优劣。

梅花、茉莉、杏花、荷花和素馨是自然界中的美好香气，但花无百日红，大多数干燥后的花材香气尽失。作为制香原料的“香品”，香气却可比类诸花香，特别是常用的龙脑、海南熟结沉香、笃耨、域外沉香、麝香等。用“香品”来制作心仪的香，离不开对众香料的甄选和恰当组合，从而有香方的落实，这里有个重要的配伍法度就是“君臣佐使”。“君臣佐使”理念在合香中亦得到应用，合香如合药，出现“和合香”或“凝合香”的芳香制品。根据曾慥《后香谱》所载吴僧罄宜作笑兰香所记：

吴僧罄宜作笑兰香，即韩魏公所谓浓梅，山谷所谓藏春香也。其法以沉为君，鸡舌为臣，北苑之尘、秬鬯十二叶之英、铅华之粉、柏麝之脐为佐，以百花之液为使。一炷如芡子许，焚之油然郁然，若嗅九畹之兰、百亩之蕙也。

对照《香乘》所录“韩魏公浓梅香”：

黑角沉（半两） 丁香（一钱） 腊茶末（一钱） 郁金（五分，小者，麦麸炒赤色） 麝香（一字） 定粉（一米粒即韶粉） 白蜜（一盏）。右各为末，麝先细研，取腊茶之半，汤点澄清调麝，次入沉香，次入丁香，次入郁金，次入余茶及定粉，共细研，乃入蜜，令稀稠得所，收砂瓶器中，窨月余取烧。久则益佳。烧时，以云母石或银叶衬之。

馨宜此方的主要香料为沉香、丁香（鸡舌）、腊茶末（北苑之尘）、郁金（秬鬯十二叶之英）、铅粉（定粉）、麝香和蜂蜜（百花之液）。此方是“凝合花香”的一种，其中沉香香清、烟润、气长，是文人香方的主要香料，为君；丁香是暖暖的甜韵，丰富沉香的香域，为臣；腊茶、郁金、铅粉三味是化香和修饰的成分，比如以腊茶水之凉性调节麝香之燥；麝香作为扩香剂，增加整体香韵的灵动感；铅粉色白细腻，用于调和诸香，蜂蜜作为黏合剂，又有调和诸香料的作用，为使。

由此可见，君香为香方的题旨香料，是谱写者创造香韵所依赖的关键香料，在剂量方面通常是分量最多者，对清致的香品来说，主要为沉香（沉水香、黑角沉等），其次为檀香。臣香是衬托君香，使得君香阀域广谱化的香料。佐香是对主体香韵烟气起控制作用的香料，比如具有扩香、定香、聚烟等功能的香料，如龙涎香、甲香等。使香对制香工艺来说，主要为具有黏合、中和作用的香料，比如白蜜、苏合油、枣泥、榆面等。

“笑兰香”之所以用蜂蜜作为黏合剂，是因为在两宋时期香品（香丸、香饼、香条等）制作工艺是取法中药的丸剂法，当然制作香品的黏合剂还有白芨、枣膏、皂儿胶（水）、蔷薇水、苏合油、梨汁等，但使用蜂蜜的香方占多数。以经过炼制的蜂蜜作为黏合剂，具有形态稳定、耐于保存等优点。天然蜂蜜会含有一定的水分，经过炼制变成老蜜后，一是适当减少了水分，黏度适合香丸塑形，二是灭杀微生物，制作成的香丸不易霉变。所以炼制好蜂蜜是制作香丸的第一步。

首先要选择当年产的野生蜂蜜，取适量倒入锅中持续加热，不停搅拌，并用勺不停抹去浮沫杂质，直到锅中的蜂蜜出现较大的红棕色气泡，此时将蜂蜜滴入冷水中会成珠状，以手指捻能感觉黏度强，两指分开时出现长白丝。经过这样炼制的蜂蜜水分含量极低，可以用密闭的容器盛装待用。

炼制好蜂蜜后，在甄选香料、炮制化香等基础之上，还需经过制粉、依方配伍、合坨、醒泥、制条分粒、搓丸、挂衣、窨藏等流程。

制粉，就是将香方中的所有香料，加工成80—120目粗细的粉末。

合坨，就是合香泥，按照香方拟定的各香料比例合粉、拌匀，以蜂蜜和粉成香泥团。《香乘》卷十五“清神香（武）”记有“溲拌诸香候匀，入臼杵数百下为度”，是合坨的重要环节。合格的香泥团标准是手搓时不会黏手，随意塑形而不会开裂。

醒泥，制好的香泥团要静置一段时间，类似发酵，让各种香料成分在蜂蜜的环境里深度融合。

制条分粒和搓丸则是熟能生巧的手工活了。

挂衣，是制香丸比较考究的一个步骤。宋明时期的香丸可谓料精量少，是交游中常用的高规格伴手礼，所以有了修饰这一步骤。陈敬在《陈氏香谱》所列“韩魏公浓梅香”条有：“如欲遗人，圆如芡实，金箔为衣，十丸作贴。”除了金箔，还会有其他挂衣材料，比如“宣和御制香”是“以朱砂为衣”，“四时清味香”则是“用煅铅粉为衣”等。

窨藏，是将制备好的香丸用洁净瓷质罐封存，醇化待用。窨藏时有专门的容器，称为“香罂”。

和合香品自唐代开始大量使用，并有专门制作香品的艺人，比如柳宗元写有《宋清传》，称赞的就是自己同时代的药商的诚信品行，同时此宋清在鬻药之余也合香，其事在《清异录》卷下《三匀煎》中有载：“长安宋清，以鬻药致富。尝以香剂遗中朝簪绅，题识器曰三匀煎，焚之富贵清妙。其法止龙脑、麝末、精沉等耳。”可见唐代和香工艺已经很专业，并开始作坊化了，同时香与药不分，即所谓“香药”。香丸制作在宋元时期达到鼎盛，到了明代随着榆面代替蜂蜜作为黏合剂，线香开始登上历史舞台。我们从香丸的制作过程和宋代香方的组成可以发现，香丸的使用群体以宫廷、贵族和文士为主，因为香丸不仅制作烦琐，使用还需要特定使用场合，上文介绍的隔火香法可知其法度，它是为彰显品质生活而存在的。

周嘉胄在《香乘》卷十二中收录了一款元代的香方《太乙香》，详细介绍了制香人冷谦真人的艺香法度：

> 香为冷谦真人所制，制香处甚严。择日炼香，按向和剂，配天合地，四气五行各有所属。鸡犬妇女不经闻见，厥功甚大。焚之助清气、益神明，万善攸归，百邪远遁，盖道成后升举秘妙，匪寻常焚爇具也。

《太乙香》说明冷谦真人制香的严谨，“炼香”需要选良辰吉日，“和剂”时重视不同香料合和的顺序、方式，注重“四气五行”“七情和合”等自然法则，达到众香料的合而为一，从而得来“助清气、益神明”的“太乙香”。

伴随着香丸的使用，还有香囊、印篆香粉以及稍晚的线香等各种形态的香品的出现，对香料的加工要求各不同。其中香丸、线香对香料粉的粗细加工要求较高，达80—120目，印篆香粉的粗细度略低，香囊由于是在常温下自然发香，粗末的形态可以使香粉维持一定的挥发时间和馥郁程度。在长沙马王堆汉墓中出土的西汉初年香囊、香枕，所填充的佩兰、茅香、辛夷等香料只经过切段、捆扎等简单加工，可见当时对香料的使用还是粗放式的。

印篆香的使用记载始于唐代，这个时期的文学作品中有相关描述。唐王建（765—830）《香印》有“闲坐印香烧，满户松柏气”，五代冯延巳（903—960）《鹊涵枝》有“香印成灰，日影下帘钩”，李煜（937—978）《采桑子》有“绿窗冷静芳音断，香印成灰”，可见唐至五代对印篆香多以“香印”“印香”等称呼，入宋以后又多了“篆香”“香篆”“印篆香”等说法。

印篆香源自礼佛用香，当与印度香文化有关联。在洪刍《香谱》中记载了两种印香法，到了宋元之际《新纂香谱》收录的印篆香香方数量大增，涵盖的用途亦广泛，比如礼佛的“供佛印香”、计时的“百刻印香”、书斋读书用的“资善堂印香”等。苏洵的《香》、苏轼的《子由生日，以檀香观音像及新合印香、银篆盘为寿》等诗文皆交代所合印篆香粉的香料组成，可见两宋时期印篆香已经深入生活的方方面面，士人积极参与到印篆香粉的制作中。吴自牧《梦粱录》卷十三“诸色杂货”条有：“且如供香印盘者，各管定铺席人家，每日印香而去，遇月支请香钱而已。”此时印篆香已经是一门服务职业。

印篆香粉的制作中少了黏合塑形的步骤，所以相对香丸制作来说要简单些，使用也比香丸方便，但对香韵的考量依然居首位，所以香方的谱写与香丸一样重要。印篆香作为香法的操作步骤主要是让合和好的香粉借助范模脱出花纹，一方面范模的制作需要一定的工艺技巧，同时合和印篆香粉时对香料的粗细度有一定的要求，香粉过粗，篆纹不成形，各香料亦难成一体，香粉过细，篆纹易坍塌。

线香工艺的成熟使得香文化真正地走入寻常百姓家。明初画家王绂（生于元至正二十二年）写有七言诗《谢庆寿寺长老惠线香》，诗首即“插向熏炉玉箸圆，当轩悬处瘦藤牵”之句，诗题与诗中有“线香”“插”等明确的描写，可见在明初线香已经成为僧俗往来的手信了。线香工艺的重要突破就是榆树皮代替蜂蜜作为香品黏合剂。我们知道榆树的二层芯皮不但具有良好的黏合性，还具有防潮、防腐、防虫的功能，非常适合香品的加工。明初洪武年间颁布了不少保护林木资源的诏令和法律，提倡植树造林，其中江浙地区的经济林木发展尤为迅速。明人陆容（1436—1497）所撰的《菽园杂记》介绍了当时经济林木在江浙地区的分布：“苏人隙地多榆、柳、槐、楝、榖等木，浙江诸郡惟山中有之，余地皆无。”榆树大规模种植，同时成年的榆树只要合理剥取，树皮很快复生，是可再生资源，这就为榆面这一黏合剂的来源提供了稳定基础。

以榆面为黏合剂的线香制作工艺是明清传统香制作的基础。传统香制作步骤主要有甄选香料、炮制化香、依方配伍、合香粉、醒香泥、塑形成香、理香、窨藏等环节，每个环节又有诸多要求，比如塑形成香又有压香条、捋香条、裁切、翻簩等制作细节。明清时期最为著名的线香是“龙挂香”，亦即清雍正之后所称的“垂恩香”，是明清宫廷皆使用的香品，在高濂的《遵生八笺》、李时珍的《本草纲目》以及清宫内务府档案中皆有相关记载。“龙挂香”的形态有线香和盘香两种，具体的制作香法在周嘉胄的《香乘》中有收录：

> 黄龙挂香，檀香六两，沉香二两，速香六两，丁香一两，黑香三两，黄脂二两，乳香、木香各一两，三柰五两，郎苔五钱，麝香一钱，苏合油五钱，片脑五分，硝二钱，炭米四两。右炼蜜随用和匀为度，用线在内作成炷香，铜丝作钩。
>
> 黑龙挂香，檀香六两，速香四两，黄熟二两，丁香五钱，黑香四钱，乳香六钱，芸香一两，三柰三钱，良薑、细辛各一钱，川芎二钱，甘松一两，榄油二两，硝二钱，炭末四两。以蜜随用同前，铜丝作钩。

《香乘》所录此方中似乎没有榆面等黏合剂，如果我们对照清宫造办处记录，有“榆树面皮”“白芨”“白蜂蜜”等成分，《本草纲目》之“线香”条有“以榆皮面作糊和剂……抑或盘成物象字形，用铁铜丝悬爇者，名‘龙挂香’”，可见无论是龙挂香还是垂恩香，都是传统的线香制品。

甄选香料是传统线香工艺的第一步，也是最重要的一步。高濂在《遵生八笺》总结为：“制合之法，贵得料精，则香馥而味有余韵，识嗅味者，知所择焉可也。”可见甄选香料自古以来即为人们所重视，因为不同产区、同一产区不同等级的香料的品质相差甚大，所以香料拣选上有一个“道地产区”的概念，传统制香作坊皆注重“拣选极贵料质”，“选购欧西各国老山、沉速、檀贡芸降诸香，以及环球道地所产之贵重极细料质”。在传统社会，大宗货物的运输主要是靠运河、长江等水路，所以水道沿线的香料产地是第一首选。扬州作为明清时期重要的香品制作古城，亦是运河与长江交汇的枢纽城市，所以各家香作坊、香号都会利用运河的便利寻找南北香料。根据扬州老艺人回忆，位于苏州南郊、寒山寺西的光福古镇是扬州制香艺人采选桂花的主要基地，每年农历八月十五前后，一旦得到来自南方的桂花成熟音信，就会有采花船队沿着古运河往来于扬州、苏州之间，可见“道地产区”在扬州传统制香工艺中的分量。

炮制化香，重点是一个化字。北宋颜博文在《香史》中有总结：“合香之法，贵于使众香咸为一体。麝滋而散，挠之使匀。沉实而腴，碎之使和。檀坚而燥，揉之使腻。比其性，等其物，而高下之。如医者之用药，使气味各不相掩。”每种香料都有其特性，怎样让香料符合香方的要求，这里就有了“化”的步骤。我们知道香料为草本、木本的叶、茎、根、花、果实或者树脂，基本都是中药材，在李时珍《本草纲目》中归纳到“芳草类”和“香木类”中，其中“芳草类”收录五十六种，“香木类”收录三十五种。怎样把中药特性的材料转化为精细的香料，这就是线香制作的第二步骤。有的香料是根茎类，比如在香方中经常出现的甘松，其丛根往往数条交结在一起，表面又成裂片状，其中夹杂的沙土需要上手一一捏断清除，这样才能得到酸甜气韵的纯净甘松料。有的香料含糖量高，油性足，需要适当的处理，比如玄参、大黄等，目的是使每种香料能恰到好处，在合香中不影响其他香料气韵的表达，“贵于使众香咸为一体”，“使气味各不相掩”，又能各司其职，遵循“君臣佐使”。

依方配伍，依照香方来配置香料。香方是制香工艺的灵魂，以线香工艺为例，不同的香方所生成的香气与功用各不相同甚至有天壤之别。存世的各个时期的香谱，皆将香方作为编撰的核心内容。到了明清时期，各地线香制作的香坊众多，一城之中，亦有多家香坊的竞争，各家为了保证自己香制品的特色需要，香方中的香料种类越来越多，大香方成为这个时期的趋势。同时各香坊为了工艺传承的需要，香方基本秘而不宣，已经不具备宋元时期的文化交流特性，这也造成了清代传世香方数量上减少的状况。

依方配伍是要依据香方所设定的香料种类、克重、合和次序等对香料修合。对于制香的主要香料沉香来说，具体香方对其品级一般都有明确的规定，这些拣选细节往往对整体香韵具有决定作用。所以无论从谱写香方的初衷还是工艺的传承来说，依方配伍具有举足轻重的地位。

合香粉、醒香泥之后进入塑形成香的环节。线香制作开始是借助开孔窍的牛角来挤压成形，《本草纲目》记载此工具名为“唧筩”，“……为末，以榆皮面作糊和剂，以唧筩笮成线香，成条如线也”。目前在传统藏香制作中还有部分地区保留这样的基础工艺。到了清代，开始有杠杆式挤线香的“香床子”，效率大幅提高。

以天然香料制作的线香，通过阴干来干燥，而不能直接晒干，一是减少香料的氧化散失，另一方面防止线香过度收缩变形，影响美观，这就相应地增加了理香的步骤，在阴雨天气理香尤为重要。

晾干后的线香，需要存放窖藏，退黏醇化。传统线香都是以自然界中的天然香料制作，稳定性好，在北京故宫博物院，依然保存有清廷所用的线香、盘香等香品遗物，可见以传统工艺制作的香品适宜长期保存使用。

离骚清芳

芳香是尘世间的至美，春来花开，秋有硕果，大自然呈现的丰富多彩总是与令人身心愉悦的香气分不开。尽管天地间气息万千，但令人愉悦者少，使人掩鼻者多。生活之所，日杂之地，容易滋生秽气，需要常常盥洗沐浴，进而追求芳香、避秽、化湿浊，人们用香的习俗渐渐形成。

长江流域，吴楚之地，气候宜人，芳草丰沛。生活于此的人们对芳香有着最早的感知和探求，对芳香植物的利用和种植亦领中华风气之先。香囊等饰品的制作，以香“汤”沐与浴，以芳草美化家园，最后将芳草香木的清芳提升为高洁人格和崇高信仰。

战国时期的楚国贵族屈原作为中国浪漫主义文学的奠基人，开启了“香草美人”的传统。这里的“美人”指君子，以芳草香木的美好气息来指代高尚者的德行。屈原在其主要作品《离骚》《九歌》《九章》《天问》中对自然界中的芳香植物从来不惜笔墨，使得楚辞成为中国香文化的人文源头。

根据屈原的楚辞作品，其所记载的芳草香木主要为江离、芷、申椒、菌桂、蕙、茝、留夷、揭车、杜衡、木兰、菊、芰、荷、艾、萧、茅、薜荔、荪、辛夷、石兰等，基本是芳香的草本类，这与当时屈原生活的楚地环境是相符的，现在大家常见的香料，比如沉香、檀香、乳香、没药等热带地区的域外香料受交通的影响还未进入楚地。其中茝、药、虈、芷四物皆指白芷，蕙即薰草，是零陵香，蘼芜、江离指芎䓖，杜若即高良薑，杜蘅即马蹄香，荪即菖蒲，留夷即芍药，等等。

这时候人们利用香料的方式多样，其中重要的一项是佩香囊。“纫秋兰以为佩”“既替余以蕙纕兮”“佩缤纷其繁饰兮”“解佩纕以结言兮”等就是描写佩戴香囊的生活习俗，“纕”“佩”都是指香囊。佩香囊在战国时期主要是取芳香避秽的功能，即可以用来祛疫、避瘟、香身等。使用的季节也不限定，比如“纫秋兰以为佩”，就说明了这一点。后世渐渐将香囊与端午相联系，甚至变成了端午时必备节日礼，如同粽子一般与屈原有着千丝万缕的联系。香囊此时还有作为信物的含义，比如“解佩纕以结言兮，吾令蹇修以为理”就是解下自己的香囊互换为礼，如同请明贤为使节，可谓意义重大。这个在战国时楚地流行的风俗一直到清代都保持着，男女间以香囊为信物，成为中国文化特有的精神意象。后世随着中医药的发展，香囊的香料组成讲究特定的香方配比，随着功能性要求的提高，香方的种类越来越多，除了具有驱虫避疫、提神醒脑等基础功用外，又独立出香身香衣、安神助眠、佩饰雅玩等用途来，亦是中医外治重要的施治手法。

此时芳香植物的另一个日常应用是“沐浴”。古时“沐”特指洁手，“浴”则指清洗身体，比如“浴兰汤兮沐芳，华采衣兮若英”。楚辞中的“兰”有多种，可指泽兰、佩兰、兰花、木兰等，其中以佩兰香气最是馥郁。佩兰又称“兰草”，是菊科植物，主要生长在长江流域及以南的地区，为多年生草本，夏秋时节采收，以质嫩、叶多、色绿、香气浓郁者为佳，也是一款重要的药材，有化湿、醒脾的功用，用于伤暑头重、胸脘胀闷、食欲不振等症，所以古人佐以佩兰来沐浴，有洁身健体的用途。

传统社会有“二月二，龙抬头；三月三，生轩辕”的说法，农历的三月初三即上巳节，这时人们趁着芳菲的桃柳、明媚的春日来到河边举行“祓禊衅浴”的仪式，就是用香草洗濯，以求消除不祥。此风在魏晋时期逐渐发展成为一个水边游谯、郊外游春的雅集文会。后来芳香沐浴由生活的必需，延伸出仪式感来，体现虔诚和尊重，是精致的考量，凡遇重要场合或者事项，必然沐手或盥洗。《云仙杂记·大雅之文》有记：“柳宗元得韩愈所寄诗，先以蔷薇露盥手，熏玉蕤香后发读。”柳宗元以花露净手，再熏烧玉蕤香，以此身心清静，然后展读诗文，“沐手焚香”成了清致生活的仪式。

《诗经·大雅·江汉》有“釐尔圭瓒，秬鬯一卣”，卣是一种带有弯曲提梁的盛酒器，秬鬯为酒名。班固等撰集的《白虎通义》卷五《考黜》中有：“鬯者，以百草之香，郁金合而酿之成为鬯。”可见，早在西周时期，就已经有香料入酒提香的工艺了。同时芳香植物入酒浆宴席，屈原《九歌》中有“瑶席兮玉瑱，盍将把兮琼芳。蕙肴蒸兮兰藉，奠桂酒兮椒浆”，蕙肴、兰藉、桂酒、椒浆皆是涉及香草芳果的美味，蕙、兰、桂、椒即当时使用的香料。

同时还有芳草的养生饮食，“朝饮木兰之坠露兮，夕餐秋菊之落英”即这样的场景。根据《本草纲目》录陶弘景所云：“一种茎紫气香而味甘，叶可作羹食者，为真菊。”苏轼在《后杞菊赋》中有：“吾方以杞为粮，以菊为糗。春食苗，夏食叶，秋食花实而冬食根，庶几乎西河、南阳之寿。”以杞和菊为品尝，四季皆用，芳香养护身心，宋代张栻又作《续杞菊赋》，有“既瞭目而安神，复沃烦而荡秽。验南阳与西河，又颓龄之可制”。

正是因为芳香植物在生活中的种种用途，人们开始种植和培育芳草香木，“余既滋兰之九畹兮，又树蕙之百亩。畦留夷与揭车兮，杂杜衡与芳芷”。种植的品类繁多，有兰草、零陵香、芍药、珍珠菜、杜衡和白芷等，种植的要求还不尽相同，有滋、树、畦、杂等，并且在房屋前后广泛种植。芳草香木各有用途，《九歌》之《湘夫人》中有修屋盖房的美好想象：“筑室兮水中，葺之兮荷盖。荪壁兮紫坛，播芳椒兮成堂。桂栋兮兰橑，辛夷楣兮药房。罔薜荔兮为帷，薜蕙櫋兮既张。白玉兮为瑱，疏石兰兮为芳。芷葺兮荷屋，缭之兮杜衡。合百草兮实庭，建芳馨兮庑门。九嶷缤兮并迎，灵之来兮如云。”栋、楣、帷、室、壁、堂、庭、庑门等结构和屋舍对芳香植物的种类选择皆有要求，可见早在战国时期，长江流域的人们对芳草香木的培育和种植技能已经很成熟，并在庭院植物的美化上有着独到的见解。

芳香植物在战国时期的人文意涵，是后世东方香生活形成的嗅觉基础。屈原对中国香文化最大的贡献是将芳香植物人格化，不同气息的植物对应着不同的品格特征。《离骚》有“兰芷变而不芳兮，荃蕙化而为茅。何昔日之芳草兮，今直为此萧艾也”，其中就将“兰芷”“荃蕙”与“茅”“萧艾”相对应，以前者为美为尚，后者为俗为鄙，以致后世将美好的德行和良好的风气皆用馨或芳来比拟，“慈教传芬”“蕙风兰露”“德艺双馨”“书香门第”“香培玉琢”等。南宋诗人王十朋（1112—1171）写有《十八香词》，将花香的特点与士人的品行相衬，正是传承此风尚：

异香牡丹称国士，温香芍药称冶士，国香兰称芳士，天香桂称名士，暗香梅称韵士，冷香菊称高士，韵香酴醾称逸士，妙香薝葡称开士，雪香梨称爽士，细香竹称旷士，嘉香海棠称隽士，

清香莲称洁士，梵香茉莉称贞士，和香含笑称粲士，柔香丁香称佳士，阐香瑞香称胜士，奇香蜡梅称异士，寒香水仙称奇士。

楚辞同以往的文学作品不同，比如更早期的《诗经》亦有很多涉及香料的诗篇，但只是描述自然界中的芳草香木，而屈原的可贵之处则是源于生活的性情表达，具有强烈的人文气息。他在作品中对战国时期楚地用香全面且深刻的描写，让芳香渐渐融入东方人特有的生活方式中。

人们早期的用香还属于传统医学用药范畴，但对用香、制香已经开始多元探索。根据《隋书》之《艺文志》记载："《香方》一卷，宋明帝撰。《杂香方》五卷。《龙树菩萨和香法》二卷。"可见在南朝初期，对香方、香法的整理已经有了一定的水准。这个时期的史学家、文学家范晔写有《和香方序》，据推测，《和香方》亦是早期的香方合集，即香谱。士人谱写香方的流行，是从五代宋初开始，同时各类香谱亦开始编撰，此风潮一直到明末周嘉胄编撰《香乘》。之后新香方基本出自医案，特别是清代近三百年，除了王䜣所撰《青烟录》，新谱写的香方基本以中医养生和疗疾防疫为主要功能，特别是清末中医外治法兴盛后更是如此。

比较早期的香药方是《太乙流金方》《虎头杀鬼方》等，收集于《肘后备急方》中。《肘后备急方》由晋代医家葛洪撰写，后经过南朝齐、梁时期医家陶弘景赠补。全书共八卷七十节，主要论述了内外各科常见急性病症的诊治方法，尤其对急性传染病的医治多有阐发。《太乙流金方》和《虎头杀鬼方》都是佩戴、熏烧两用的香方，《太乙流金方》以雄黄、雌黄、矾石、鬼剑、羖羊角等为主，《虎头杀鬼方》则有两方，一以虎头骨、朱砂、雄黄、雌黄、鬼臼、皂荚、芜荑为内容，一方以菖蒲、藜芦、朱砂、雄黄、雌黄、芜荑为料。两方均交代了成分的克重比例、炮制方式和使用法。

以上两方尽管有香品熏佩的雏形，但成分中不以主流香料为主。除了以上用来祛疫避瘟的香方，《肘后备急方》卷六中还收录了熏衣香方，比如《六味薰衣香方》：

> 沉香一片、麝香一两、苏合香（蜜涂微火炙，少令变色）、白胶香一两，捣沉香令破如大豆粒，丁香一两亦别捣令作三两段，捣余香讫，蜜和为炷，烧之。若薰衣着半两许。又，藿香一两，佳。

从此香方所选香料可知，目前的主流香料开始得到大权重使用，比如沉香、麝香、苏合香、丁香、藿香等，其中沉香、丁香来自南海，苏合香则来自阿拉伯世界，这些边远地区甚至域外香料在香方中出现，说明古人此时对主流香料已经熟练应用了，也证明国际香料交流非常频繁，极大地促进了两汉以来中国香文化的发展。

到了唐代，香方在医学典籍中得到进一步重视。“药王”孙思邈所著的《备急千金要方》中，记载的“熏衣香方”“裛衣香方”各三种，还有“湿香方”两种、“百和香”一种，其中“熏衣香方”其一为：

> 鸡骨煎香、零陵香、丁香、青桂皮、青木香、枫香、郁金香各三两，薰陆香、甲香、苏合香、甘松香各二两，沉水香五两，雀头香、藿香、白檀香、安息香、艾纳香各一两，麝香半两。上十八味，末之，蜜二升半，煮肥枣四十枚，令烂熟，以手痛搦，令烂如粥，以生布绞去滓，用和香干湿如捺麨，捣五百杵成丸，密封七日乃用之，以微火烧之，以盆水纳笼下，以杀火气，不尔必有焦气也。

此熏衣香所用香料有十八种，基本涵盖传统合香方所用的主流香料，并且此香方中沉水香用量最大，按照中医“君臣佐使”的配伍原则，沉水香是“君”香。香方交代了炼蜜和取枣汁的方法。蜂蜜要“半煮”，去水气，保证香品能够长期保存。取枣汁的方法有“煮”“搦”“绞”等步骤，去渣滓取汁。合香后，“捣五百杵”，使得各香料合和均匀，同为一体。成丸后要“窨藏”一周以后方可使用。

《备急千金要方》成书于公元652年，属于初唐，至此，中国自两汉以来发展的和香工艺完全成熟，香料的甄选、炮制化香、依方配伍、合和香粉、炼制黏合剂、窨藏醇化等步骤，已经具有完备的规范。和香法成为独特的工艺，开始向域外特别是东亚传布，比如鉴真东渡日本传法，带去了唐代成熟的鉴别香料的技法与和香法。“以微火烧之，以盆水纳笼下”的熏衣方法在当下日本依然在部分场合中传承和使用。

我们当下所见的用来明火焚烧的线香、盘香等线形香品，出现在元末明初。元代李存（1281—1354）在《俟庵集》中有对线香的明确描述：“谨具线香一炷、点心、粗菜为太夫人灵几之献。”线形香品在明清时期才开始大规模制作，主要得益于榆树皮的广泛应用。榆树内皮具有非常棒的黏性，又容易采集，彻底解决了一千多年来香品使用便捷化的问题，长尺寸的线香、盘香等开始广泛应用到生活的方方面面。汉代至宋元所用的黏合剂主要是蜂蜜，蜂蜜使用前会经过加热提炼，但黏度不够强，这决定了这个时间段的香品主要是香丸、香饼、香粒、香条的形状，使用不便。与香丸使用并行的有另外一种香法——印篆香，就是借助范模脱出香印，直接燃烧成形的香印。

和香作为一门工艺，传承的载体主要是香方。香方的集成就是香谱，始自南朝范晔《和香方》、宋明帝《香方》等，香谱类著述大量编撰的时期是两宋。根据史料记载，宋代的香谱主要有沈立《香谱》，洪刍《香谱》，曾慥《香谱》《香后谱》，颜博文《香史》，侯氏《萱堂香谱》《香严三昧》，叶庭珪《南蕃香录》，陈敬《新纂香谱》，等等，目前只有洪刍《香谱》、曾慥《香后谱》和陈敬《新纂香谱》存世。

对传世香方的理解，其中一个角度就是传统中医。因为香方所选取的香料，基本为中药材，曾慥在《香后谱》中就是以《黄帝内经·素问》的君臣佐使的配伍原则来分析香方的。正是香方这样的组方原则，让不同的香方具有各自独特的作用。同时中医用药的“七情和合”“升降浮沉”等原则也被用来理解香方。如果香方中含有沉香、檀香、木香、香附、甘松等成分，香方具有理气调中的作用，比如《南蕃龙涎香》有“兼可服，饼三钱，茶酒任下，大治心腹痛，理气宽中”；如果香方多用麝香、龙脑、苏合、安息等香料，有提神醒脑的作用，比如《窗前省读香》有“读书有倦意焚之，爽神不思睡”；如果香方中列有丁香、茴香、肉桂、附子、山柰等，此类香方更注重温中辟寒的功用，比如《辟寒香》有“盛冬若客至，则然薪火，暖香一炷，满室如春”；如果香方中含有桂枝、白芷、细辛等，则注重解表和祛风止痛的作用，比如《清神湿香》有“爇之可愈头风”；香方中使用藿香、苍术等香料，是取化湿解暑的作用，比如《远湿香》有“此香燥烈，宜霉雨溽湿时焚之妙”，是古代书房常用的节气香。

从以上的梳理我们可以发现，传统和香非常注重香方的理气、清神等作用，根据统计，此类香方约占传世香方的一半。但仅仅是从传统中医的角度来分析香方，那《香谱》就没有独立出来的必要，特别是文士用香所体现香方谱写者人生经历、学识修养、境界诉求诸方面，仅仅从医疗养身角度难以完全理解香方的题旨。这就需要我们从另外一个维度，就是人文的境界与性情表达来重新解读香方。

要系统了解香方，得从传世的宋代香谱入手。宋洪刍《香谱》是目前流传的最早香谱，以中国国家图书馆藏宋刻《百川学海》为版本。洪刍《香谱》目前没有单行本，均附丛书或杂抄以行世，《百川学海》就属于丛书类。洪刍《香谱》最大的贡献是首创香谱类书的体系，即分类用香诸事为“香之品”“香之异”“香之事”“香之法”，此编撰体系被后世各家香谱所依循。陈敬所撰的《新纂香谱》的贡献在于把香方明确分为“印篆”“凝合”“佩熏”“涂傅”等，各香方按照此类别收录，进一步肯定香谱类著作所记香方与医籍药方的区别。

随着时代的发展，香谱类书籍亦是推陈出新，其中集大成者，当数明代香学家周嘉胄所编撰的《香乘》二十八卷。《香乘》的成书时间在明末，线香的制作已经有三百年左右的时间，该书对汉代以来各类和香工艺皆有涉猎，在继承宋代诸家香学成果的基础上，对元明时期的各种香谱亦都做了梳理，所以《香乘》集中国香学发展之大成，是研究传统制香工艺的不二圭臬。

周嘉胄，字叔休，号江左，扬州人，明末清初的香学家、收藏家和诗人。周嘉胄博学多才，在很多艺术方面都有建树，比如在书画装帧方面有专著《装潢志》，在香学上有《香乘》，皆是集大成之作，即使在当下的研究环境中，这两部书依然被行业奉为经典。

钱谦益（1582—1664）在《牧斋有学集》卷八有组诗《金陵杂题绝句二十五首继乙未春留题之作》，作者写道："已下三叟皆与予同壬午年生，七十有六。"这"三叟"在组诗中分别是指胡节轩、盛茂开和周嘉胄，那么可以断定周嘉胄亦当生于1582年。明末文学家李维桢（1547—1626）为《香乘》所作序中有"以香草自比君子，屈宋诸君骚赋累累不绝书，则好香故余楚俗。周君维扬人，实楚产，两人譬之草木，吾臭味也"，根据李维桢序文可知，周嘉胄的祖籍为楚地。

周嘉胄精通鉴赏，富于收藏，目前许多文博单位有其旧藏，根据上海社会科学院历史研究所秦蓁的整理，周嘉胄的旧藏目前有南京博物院藏南宋朱熹的《行书奉使察州帖》、台北故宫博物院藏明代王宠的《千字文》、台北故宫博物院藏《明人诗翰册》。

周嘉胄鼎足斋中所藏名画古帖众多，所以范景文才有"共我与中成鼎足，坐来谁羡米家船"的赞誉。周嘉胄雅好书画，视同性命，因惋惜世人不精裱褙之法而造成书画遗迹受损，遂编撰《装潢志》一书，以示法则。

周嘉胄不但书法受名士称道，诗作亦有专攻。周嘉胄自清顺治年间（1638—1661）寓居南京后活动在南京各诗社，相与唱和者皆一时胜流。明末清初南京诗

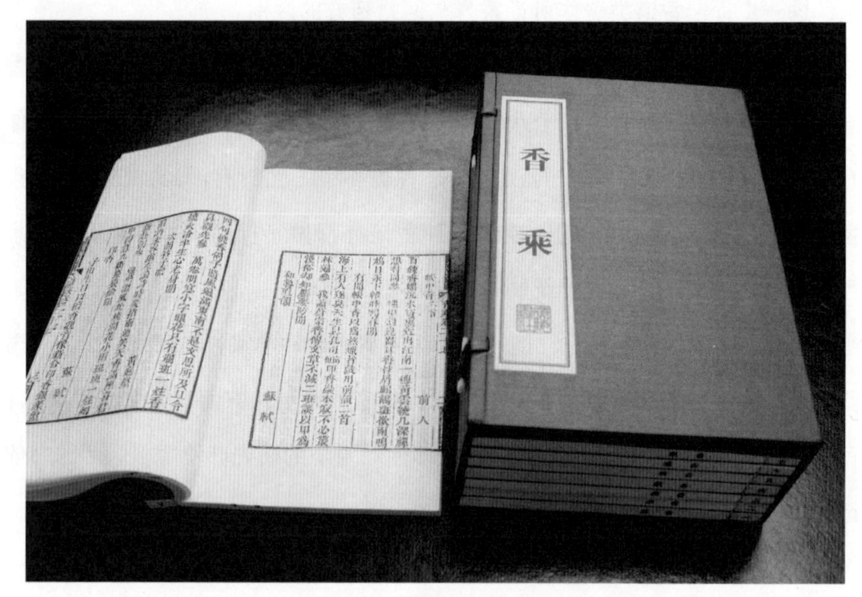

图18 《香乘》书影

社的灵魂人物范凤翼，在崇祯年间便寓居南京，结白门社，工词，著有《范勋卿诗集》，清初的诗坛领袖王士祯对其很是称道。从范勋卿所作的《周江左以近作见示赋赠》《十八夜观灯，是为放灯日竟，邀黄海鹤、汪遗民、汪长东、黄孝翼、周江左、经行一、杨曰补、祝千秋诸词人雅集，同赋春字》《端午前一日李彻侯招同陈幼白中丞、何天玉问卿及周江左、方密之集河亭同韵，时崇祯之乙亥岁也》《江左以五言长律见示次韵》《和感遇，江左雪后礼长干塔诗》《题周江左鼎足斋（鼎足之义谓书画性命也）》等系列诗题中，尚可略见周嘉胄在金陵时与诸文士交游非常频繁。在《十竹斋书画谱·书画册下》有周嘉胄题巉石一绝：

忽寻苍翠深，巉巉立孤石。

藉尔白玉姿，对此青霞客。

由上可知，周嘉胄在书法、诗文、收藏、装饰诸方面皆有涵养与成就，对传统艺术的鉴赏有极高的造诣，这对于他编撰《香乘》是非常难得的学养基础。由此我们也能从打上“周氏”烙印的皇皇巨著上品味明代士人的香学世界。

《香乘》的“乘”字，读音为 shèng，取历史、史书的含义，周嘉胄没有用两宋时期通用的《香谱》来命名，有他编撰此书的用心。中国香文化是一门综合的文化艺术，亦是一类专业的手作工艺，拥有一个庞大而精细的学术体系。要研究和整理中国香文化，不仅要自己用香做香，熟悉香料的配伍、香方的谱写和香品的鉴赏，还要通透历史、诗歌、书画、音乐、工艺、宗教等方方面面。周嘉胄以二十多年之力，对香品、香方再到鉴赏诸法，无不“旁征博引，累累记载”，在乾隆年间《四库全书总目题要·香乘》中，总编纂官纪昀等题有：

> 自有香谱以来，惟陈振孙《书录解题》载有《香严三昧》十卷篇帙最富。嘉胄此集，乃几于三倍之。谈香事者，固莫详备于斯矣。

周嘉胄与香学的渊源，特别是撰写《香乘》的缘起，他在《香乘》卷首序文中有交代：

> 余好睡嗜香，性习成癖，有生之乐在兹，遁世之情弥笃。每谓霜里配黄金者，不贵于枕上黑甜；马首拥红尘者，不乐于炉中碧篆。香之为用大矣哉！通天集灵，祀先供圣，礼佛籍以导诚，祈仙因之升举，至返魂祛疫，辟邪飞气，功可回天。殊珍异物，累累征奇，岂惟幽窗破寂、绣阁助欢已耶？

文中周嘉胄自称“嗜香”“成癖”，以“枕上黑甜”为贵，以“炉中碧篆”为乐，如此痴心于香学，与北宋自称“香癖”的黄庭坚、杨万里遥相呼应。传黄庭坚所写香之十德为感格鬼神、清净心身、能除污秽、能觉睡眠、静中成友、尘里偷闲、多而不厌、寡而为足、久藏不朽、常用无障，而周嘉胄将“香之为用”归纳为通天集灵、祀先供圣、礼佛祈仙、返魂祛疫、辟邪飞气、幽窗破寂等，可谓一脉相承。

正是基于自己对香的热爱，周嘉胄才会“少时尝为此书鸠集一十三卷，时欲命梓，殊歉挂漏”。此即周嘉胄在1618年就已编撰成的十三卷本《香乘》，并请李维桢为此书作序。李维桢（1547—1626），字本宁，湖北京山人，明末历史学家，官至礼部尚书，有《大泌山房集》一百三十四卷及《史通评释》等传于世。李维桢为《香乘》十三卷所作的序文，二十多年后被周嘉胄重新用于《香乘》二十八卷之首。周嘉胄准备将初稿交付印刷时觉得还不够完备，“自病其疏略”，“乃复穷搜遍辑，积有年月，通得二十八卷”，这一增补，又是二十多年的光阴。

从周嘉胄自序中，我们了解到在十三卷《香乘》的基础上，二十八卷借鉴了洪刍、颜博文、沈立、叶庭珪四人所辑的香谱，并对叶廷珪香谱最为认同，“其修合诸方实有资焉”。叶庭珪香谱即《名香谱》和《南蕃香录》，叶庭珪在宋高宗绍兴二十一年（1151）曾经知泉州，兼市舶使。市舶司是南宋主管香药贸易的官方机构，叶庭珪是因与南蕃通商有香药贸易所需而辑录此书，故而是南宋香药贸易情况的翔实叙述，明确记录每种香药出产国或地区，以及如何区别香料的高下优劣。所以叶庭珪香谱是宋代对于南海诸国出产香品与转运贸易最翔实的史料，对于以香为癖好的周嘉胄来说，第一手的海外香料资料是他最注重的。周嘉胄《香乘》广辑陈敬的《新纂香谱》，收录量为各香谱之最，因为《新纂香谱》集宋代各香谱之长。

崇祯十六年（1643）八月，《香乘》最后定版印刷，离1618年的十三卷本初稿已经有二十几年，周嘉胄亦为六十有二的花甲老人了，其中过程不是一帆风顺的。“余兹纂历壮逾衰，岁月载更，梨枣重灾，何艰易殊人太甚耶？”周嘉胄以毕生的精力完成《香乘》编撰，在交付印刷的过程中又数度遭遇危难，先是“辛巳岁，诸公助刻此书，工过半矣。时余存友自海上，归则梓人尽毙于疫。”即在进行到一半的时候，印刷刻板的工人全部在瘟疫中遇难。“板寄他所，复遘祝融成毁，数奇可胜太息。”后来雕板在转运的过程中又遭遇火灾，损失严重，险些功败垂成。

《香乘》在清朝乾隆年间被收录到《四库全书》子部，当时《四库全书》分藏于全国南北七阁中。目前七阁版本中，现藏于国家图书馆的文津阁（承德避暑山庄藏书楼）本是公认的“原架、原函、原书”，是目前各界在研究香文化时重点参照的《香乘》版本。根据文津阁本，《香乘》全书共二十八卷，其中《香品》五卷，《佛藏诸香》一卷，《宫掖诸香》一卷，《香异》一卷，《香事分类》二卷，《香事别录》二卷，《香绪余》一卷，《法和众妙香》四卷，《凝合花香》一卷，《熏佩之香》《涂傅之香》共一卷，《香属》一卷，《印篆诸香》一卷，《印香图》一卷，《晦斋香谱》一卷，《墨娥小录香谱》一卷，《猎香新谱》一卷，《香炉类》一卷，《香诗汇》一卷，《香文汇》一卷。二十八卷中，涉及和香方的有十一卷，是《香乘》的主体内容。

《香乘》涉及香料、香方和香法有关的史、录、谱、记、志等文献的总结，其学术地位可比中医界的《本草纲目》。本书既有综合性的罗列，又有重点突出的内容，从“颜史”“叶录”“洪谱”凡香品名故以及修合鉴赏所列诸法，旁征博引，具有始末（即注有出处）。纵览全书，周嘉胄囊括了各种香材的辨析、产地、特征等知识，搜集整理了大量与中国香文化有关的典故、法门，重点博采了宋以来诸香谱之长，整理了可观的传世香方。

周嘉胄参考的书籍资料从先秦一直到明朝末年，尤其以唐、宋、明三朝书籍为大宗，其中北宋和南宋是中国历史上香文化发展最为繁盛的时期，涉及香的史书、地理志、地方志、医书、笔记、杂录以及香谱的数量非常之大。周嘉胄在《香乘》中广为引用的宋代书籍超过了六十种，引用的唐代书籍亦有二十八种，明代有二十七种，而从先秦到魏晋南北朝，一共仅有二十六种被引用，而且每部书的引用次数有限，说明隋唐以后，得益于国家大一统和经济发展的多元化、国际化，人们对香文化的研究是全视野、多方位的。

《香乘》中引用的书籍门类涵盖史籍、香谱、药典、佛典、道书、方志、文集、笔谈等，其中被重点引用的是医典类的《本草纲目》，地理志的《大明一统志》《方舆胜略》，游记的《大唐西域记》《星槎胜览》，笔记类的《清异录》《鹤林玉露》，史料类的《稗史汇编》，佛典《楞严经》《华严经》《仙佛奇踪》，香谱类的沈立《香谱》、洪刍《香谱》、叶庭珪《南蕃香录》、武冈公库《香谱》、范成大《桂海虞衡志》、陶穀《清异录》等。

就单部书的引用次数来说，《本草纲目》是最多的。从中医和香学的发展上来讲，中药材和香料是两种不同的体系，中药主要是通过内服来疗疾，而香料是通过口鼻呼吸和沉浸式体验来起到芳香感知、涵养身心之目的。但中药材和香料又互为配合使用，在很多中医药典籍中，将香料称为香药，特别是在东汉之后，佛教进入中土，印度用香、佛医开始同中华医学广泛地结合起来，来自阿拉伯地区的乳香、没药等树脂类香料亦补充了中药库。《本草纲目》被大量引用证明了制香原料的香料特性和中药特性在明朝已经得到充分的研究和应用而互为融通，同时香学借鉴了中医外治法的应用理论。

《香乘》第二十三卷《晦斋香谱》和第二十四卷《墨娥小录香谱》本是两部宋之后的独立香谱，这两部香谱辑于明代或者元末明初，有诸多值得借鉴的地方，比如《晦斋香谱》撰写者在序中所言："……读书之暇，对谱修合，一一试之，择其美者，随笔录之。"此类香谱类著作最具传承的意义，而不是简单的分类抄录。《墨娥小录》是元末明初的一部民间日用百科全书，一共有十四卷，涵盖文艺、种植、服食、治生诸多方面，对于用香有独立的卷目，即"香谱修制"。第二十五卷《猎香新谱》所录的香方、香法，皆是"国朝大内及勋珰、夷贾，以至市行"所尚"奇方秘制"，是了解有明一代难得的香学资料，"好事者试拈一二，按法修制，当悉其妙”。

《香乘》对中国香文化传承最为重要的一层内涵，那就是对和香之法的坚守。周嘉胄在《香乘》中所收录的清代以前的香方基本为和合香方，这些香方又分为印篆香方、丸香方、线香方、香包方、香水方、清露方、头油方等诸多种类，皆记载由多种香料修合而成的和合香。由此可见，对于中国传统香生活而言，和合香是用香主流，了解到这一点，对于我们发掘、整理进而创新传统香学具有非常重要的意义。

周嘉胄在《香乘》中对所有香方进行了归类，主要为法和众妙香、凝合花香、熏佩之香、涂傅之香、口香、印篆诸香等。其中法和众妙香就是各种精妙的和合香方，这里的“法”即洪刍所提出的“香之法”，主要为配方、修制、合和、窨藏、出香等步骤。法和众妙香涵盖宫中香、帐中香、衙香、湿香、清真香、龙涎香、降真香、胜笃耨香、华盖香、芬积香、四和香、闻思香等品类。

凝合花香指模拟各种鲜花盛开气韵的香方，周嘉胄一共收录了七十种不同的花香方子，主要有梅花香、肖兰香、桂花香、柏子香、百花香、野花香、杏花香、后庭花香、荔枝香、酴醾香、胜茉莉香等诸种。仔细梳理此类香方我们会发现，凝合花香的方子基本不含有其模拟对象的成分，比如梅花香不含有梅花干材，而是模拟梅花的香气，这就考量谱写香方者专业合香技能和细腻嗅觉功夫。在宋代梅花为文士所推崇，模拟梅花气韵的香方占凝合花香的多数，特别以“韩魏公浓梅香”最为大家所效仿，尤其是经黄庭坚推崇后更为彰显。

熏佩之香是随身佩带或者熏染衣物所用的香，主要有衣香、洗衣香、枕间香、软香、香珠等，所用香料皆是不需要加热或明火爇烧即可自然散发香气的，皆为气味生猛、留香长久者，其形态是香丸或粗末，这类香方主要源自传统祛疫和香身的医方。

涂傅之香又有傅身香粉、傅面粉、香发油等。“利汗红粉香”“和粉香”“十和香粉”“乌发香油”等诸类是江南地区制作的特色香品。在明清时期有“扬州香粉苏州胭脂”之说，专门制作香粉的店铺出现了，其中最著名的莫过于创立于明崇祯年间的戴春林香铺，清乾隆年间，又有张元书香铺，《扬州画舫录》有“天下香料，莫如扬州。戴春林为上，张元书次之”。嘉道年间，又出现薛天锡和谢馥春等香铺，都是传统涂傅之香工艺的杰出代表。

周嘉胄在对香方累累记载、孜孜求证的过程中，从香名、香材、修制、润饰与固定香气、炼合、成形、窨藏、典故等诸方面加以归纳，使后世对香品所体现的香方谱写者在学识和性情上深厚的涵养和丰富的想象力有全面的了解。比如“韩魏公浓梅香”被列入第十八卷《凝合花香》之中，体现的是梅花的香韵，在列举了所用的香料及香料比重之后，详细记录修制、炼合、窨藏以及爇烧之法，同时还记载了谱写香方的主人韩琦、苏轼、黄庭坚、仲仁长老、洪上座等名士相互之间以此香关联的交游往来，是宋人用香风尚的精彩记载。这还不够，周嘉胄在第十一卷《香事别录上》中还选取了扬州石塔寺的“魏公香”故事，录自张邦基的《墨庄漫录》中“韩魏公浓梅香”条。由于《墨庄漫录》是笔记体，多为宋人张邦基亲历之事，这对于我们最真实地了解这款梅花香前世今生是最为难得的佐证，从扬州的一场香事雅集来感悟香学的无穷魅力。

当然《香乘》所体现的中国香文化的和香主流不是周嘉胄一人主观喜好为之，而是千年来中国传统医学强大的势能将香熏纳入养生与自修范畴的必然结果。我们知道中药的发展基本由单方用药向复方用药成熟，在复方配伍的过程中，形成了药物修合中的“君臣佐使”“七情和合”“升降沉浮”之法度，而合香也是遵循这一规律，视合香如合药。

所以合香之妙，是通过修制、合和、窨造等工艺使得各香料能配合得宜。合香的最终目的，是基于合药之法，遵循修身养性的基本需求，侧重体现人文气韵的创作，从而达到涵养自己品性的目的。正是这样的题旨，国人在合香工艺和用香之法上不断探索，让香气尽可能地散布到更大的空间，持续更长的时间，从而营造出身临其境之感，实现修养身心、调动心智、培养情操、完美自我的积极意义。特别是在两宋时期，人们更是将合香工艺发展成一门嗅觉艺术，在香氛中考量境界意涵，此即东方香学成熟完备的标志。只有在此时，我们才能理解徐铉“露坐中庭”而焚“伴月香”，才能领悟黄庭坚“嫩寒轻晓，行孤山篱落间”的意境，也才能识得张邦基“鼻观香”所蕴含的“一种潇洒风度”。

江南的芳草香木

本草医典对香料有着不同的归类，到了明代李时珍在《本草纲目》中正式将“芳草”“香木”专门单列，以突显芳香类植物在中医药界的独特作用。在长江和钱塘江中下游地区，太湖等湖泊星罗棋布，是芳香类植物的天然生息之地，甚至成为某些香料的道地产区，比如苍术、薄荷、茴香、桂花、白芷等，这就为这一方人用香提供了天然条件。

根据中国科学院植物研究所南京中山植物园1959年所编《江苏野生植物志》记载，江苏省当代“芳香油”类植物有近百种，数量可观，有木樨、月桂树、白菖蒲、白莲蒿、白兰花、竹叶椒、金粟兰、长圆叶水苏、枳、崖椒、钓樟、粘毛蓼、蜡梅、罗勒、窃衣、艾蒿、青蒿、刺柏、香附子、马尾松、紫苏、薄荷、藿香、茅术等，其中许多为历经千年使用的传统香料。

术是香方中经常出现的一种香料。在《神农本草经》中只载有术，没有详细区分，一直到陶弘景在《本草经集注》中将术分类：“术乃有两种。白术叶大有毛而作桠，根甜而少膏，可作丸散用。赤术叶细无桠，根小苦而多膏，可作煎用。”白术又名浙术，以产于浙江於潜者为佳，故称“於术”。赤术又名青术、苍术，主产于江苏茅山一带，称为“茅术”。白术和苍术应用广泛，主要功能是健脾燥湿，其中苍术偏于燥湿，白术偏于健脾，所谓同中有异。

作为香料使用，历史最为悠久的当属茅山苍术。江苏茅山地区所出野生苍术品质最好，名气最大，所以被称为茅山苍术、茅术。茅山自古就是江南野生植物分布集中的地区,《本草纲目》收录茅山出产的药材共三百余味。茅术为芳香健胃及发汗药,有兴奋神经的作用,民间又常用来熏烟消毒杀虫,居于传统烟熏避疫方所用香料数量和频次的首位。

清代张德裕的《本草正义》评价茅苍术“最能驱除秽浊恶气,阴霾之域,久旷之屋,宜焚此物而后居人”,就是利用苍术所富含挥发油所具有的灭菌功能,现代医学试验证明其对诸如结核杆菌、大肠杆菌、枯草及绿脓杆菌均有显著的抑制作用,对各种致病真菌、细菌有明显的消杀作用,对流感病毒、鼻病毒、腮腺病毒等有较好的抑制作用。周嘉胄《香乘》中含有苍术的香方主要有两大用途,一是解秽气,去恶气;二是用来燥湿。用来避秽的方子有《清秽香》《清镇香》,其中《清秽香》取苍术八两、速香十两、麝香少许,以白芨为黏粉。用来燥湿的有《远湿香》,该香方以苍术为主香,合和龙鳞香、芸香、藿香、金颜香、柏子诸料,也以白芨为黏合剂,此香适合梅雨时节使用。苍术也有用来制作香牌的,比如明代《世庙枕顶香》就是以苍术为和。总体而言,苍术的用途主要是消毒杀虫,单用也可,但单用必须借助炭火来炙熏,因为苍术富含油质,很难直接焚烧。明代文震亨在其所著的《长物志》卷十二《香茗》特别介绍苍术:“苍术,岁时及梅雨郁蒸,当间一焚之,出句容茅山,细梗更佳,真者亦艰得。”可见明清时期使用苍术是江南旧俗。

在明代这一中医药广泛应用的时期,苍术“真者亦艰得”,时至今日,更是稀缺。就目前苍术的供应市场来说,传统道地产区的茅山基本没有规模种植,缺少稳定的供应来源。而邻近的安徽、湖北以及北方内蒙古等地则有规模化种植,是目前苍术的主要供应地区。但以科学手段对不同产地苍术的成分进行分析可见,地道产区茅山苍术的成分与其他地区有明显区别。就制香工艺来说,苍术的主要作用是杀菌防霉,这与医书说苍术具有“燥湿健脾,祛风散寒”的内治功用是有区别的,我们借助现代科学手段甄选苍术时思路应清晰。香药同源,在选取道地香料时,往往要考虑到香料的中医药特性,比如产地、炮制法,与单纯中医用药的侧重点不一样，在恢复传统香品的过程中，需要结合香方的时代语境。

木樨即桂花，是江南一带常见的花类香料，主要有金桂、银桂、丹桂、四季桂等品种，其中金桂香气最浓郁，丹桂次之，银桂与四季桂香气一般。《香乘》有“采（木樨）花阴干以合香，甚奇”，干燥的木樨可佩可爇，用途非常广，用来制作香丸、香佩、头油等。明清时期以太湖边光福镇为道地桂花产区，清代扬州香坊制作桂花香发油时，对原料甄选非常严格，制作工艺亦是精到。根据扬州老香坊遗存资料记载，制作桂花香发油首先选取菜籽油烧炼，接着晒露、阴窨，使得基油透彻、无味。待到中秋前后，再将成品基油沿着古运河运往太湖光福镇，立即摘取新鲜桂花，以明矾稍作腌制，泡入含有基油的瓷坛装运回扬州。逾年倾出，去除渣滓和水分，进行沉淀，待油清脚净后，方可出售。传统桂花香发油的制作周期约需两年，足见用料、工艺之讲究。

其实木樨早在宋代就在南方地区得到广泛应用，在张邦基的《墨庄漫录》卷八有“木樨花”条：“江浙多有之，清芬沤郁，余花所不及也。”该卷同时介绍了宋人保鲜桂花的方法：“近人采花蕊以熏蒸诸香，殊有典刑。山僧以花半开香正浓时，就枝头采撷取之，以女贞树子俗呼冬青者，捣裂其汁，微用拌其花，入有釉瓷瓶中，以厚纸幂之。”可见木樨的采摘和修制有一定的法度，时间选“五更初”，“日未出时”，带露水采摘。采摘好的桂花需要净拣。传统干燥桂花的方法是借助生石灰。

木樨花在使用时，有的同其他香料合成香粉来拓印（印篆香）焚烧的，比如香方《木樨印香》中就取干木樨与檀香、金颜香、麝香相合为粉。以木樨入香丸的，如《吴彦庄木樨香》等。以蒸的方式来取香气的也有，即所谓非烟香法，在《桂花香》方中有“用桂蕊将放者，捣烂去汁，加冬青子，亦捣烂去汁存渣，和桂花合一处作剂。当风处阴干，用玉版蒸，俨是桂香，甚有幽致”。

茴香，此处特指小茴香，与域外的“舶上茴香”相区别，同木樨花一样也是食、药、香同源的芳香植物。根据明代万历六年各地上贡光禄寺香料记载，江南地区的苏州府、扬州府等皆以茴香作为地方特产进贡。茴香的果实含有丰富的芳香油，在古代香方中使用非常广泛，根据《香乘》所记香方，茴香主要用来制作香丸和香囊类佩香。制香丸用到茴香的香方有《清远香》《四时清味香》等，其中又以《凝合花香》中收录最多，比如《春宵百媚香》《梅花香》《笑梅香》《浃梅香》《江梅香》《春消息》等，可见茴香在模拟梅花气息上有独特的功用。制作香囊的方子主要有《芙蕖衣香》《梅花衣香》《莲蕊衣香》《浓梅衣香》等，皆以“薄纸贴，纱囊贮之”或“贮绢袋佩之”，是随身佩戴自然发香。目前日本老香铺比如“松荣堂”“鸠居堂”等在制作衣香类香包时，依然遵循古方，茴香是其中不可或缺的成分。

草本类香料使用最为广泛的，要算玄参了，尤其多见于宋代香方。近代陈仁山《药物出产辨》云，玄参“产浙江杭州府”，可见钱塘江流域所产的玄参是为道地。如果《香乘》中玄参被称为元参，则往往是清康熙之后印刷的版本，为避“玄烨”讳。宋代文士谱写香方多用玄参，比如《赵清献公香》《延安郡公蕊香》《丁晋公清真香》《闻思香》《篱落香》、黄太史四香之《意可》《小宗》等，同时在佛教和道教的香方中亦大量使用，有《神仙合香》《僧惠深湿香》《降仙香》《信灵香》等。

由于各个阶层对玄参的钟爱，所以在制作衙香、湿香、衣香、印篆香中都能见到玄参的影子。在《凝合花香》的方子里，就有《梅花香》《笑梅香》《肖兰香》《酴醾香》等方子，并且玄参皆作为“君香”配伍，即在此类香方中玄参是整体香韵的主导者，可见玄参在创造新型香氛中有类似沉香和檀香的功能，比如《滁州公库天花香》方子的组成为“玄参四两、甘松二两、檀香一两、麝香五分”。

玄参入香方，养身与芳香并重，无论是官医局还是士人对玄参都很重视，比如《清远香》就是一剂局方，收录于宋代官方颁行的《太平惠民和剂局方》中。玄参受重视的主要原因是玄参香气具有清心宁神的直接作用，比如著名的《赵清献公香》，谱写者是赵抃——北宋赫赫有名的“铁面御史”，以刚正不阿著称。他谱写的这款香方，以玄参为君香，合和白檀、乳香两味，以修合出淡雅清甜的气息。赵抃喜“焚香告天”，静思自己日间所为事，这是一款为他自己量身定制的香，正有涵养其品格的妙处。我们知道北宋文士群体基本上人人都爱用香，并且参与香生活的方方面面，所以中国香文化在赵宋能登峰造极。赵抃在用香上有着别与旁人的地方，明代袾宏（1535—1616）所著《竹窗随笔》载：“赵清献公尝自言：昼之所为，夜必焚香告天，不敢告者则不为也。”

赵抃以焚香告天的方式约束自己的言行，同时一生简素律己，《宋史》载：“帝曰：闻卿（赵抃）匹马入蜀，以一琴一鹤自随，为政简易，亦称是乎？”赵抃为官多地，皆有政声，为民所爱戴，其“焚香告天”的行坐也就为人们津津乐道。宋之后，关于赵抃焚香的艺术作品层出不穷，仅清代各个时期的画作就有很多，著名的比如周璕的《清献焚香图轴》、黄山寿的《清献焚香》、任伯年的《赵抃焚香告天图》等，其中以任伯年的这类题材画作存世最多。

正是由于赵抃这样人皆称颂的品行，他谱写的香方也流传了下来，《赵清献公香》就是最著名者。此香方在香谱中的收录最早为陈敬的《新纂香谱》，香方为：

> 白檀香四两（劈碎），乳香缠末半两（研细），玄参六两（温汤浸洗，慢火煮软，薄切作片焙干）。右碾取细末以熟蜜拌匀，令入新瓷罐内，封窨十日，爇如常法。

根据香方所记，此香所用香料为檀香、乳香、玄参三种，以蜂蜜为黏合剂。香方中所用檀香为白檀，以印度所产最佳，乳香来自阿拉伯地区，玄参则生长于钱塘江下游。就香料分量占比来说，以玄参为最，檀香次之。玄参作为中药，在东汉的《神农本草经》中已经有相关的记载，汉魏时期的医家吴普在《吴普本草》中具体阐释了玄参之名。作为香料，南北朝时期的医药家陶弘景有言，“道家时用合香”，这是关于玄参入香的早期记载。玄参作为香料，其焚烧时所散发的气息是甘甜与苦涩并重，类似焦糖的香气，赵抃以木本的檀香和树脂的乳香来修合玄参，以“百花之液”蜂蜜作黏合剂，形成具有鲜明性格特征的全新香氛，如果以赵抃的行坐来比拟，就是在刚正不阿中体现典雅气度，并对自己的“刚烈”性格有着滋养。这就是宋代文士热衷谱写香方，并亲自参与修制香品的原因，此时的香已经是他们的得意作品，类似书画和诗词，彰显自己的修为和品格。

自春秋战国以来，先贤以香草芳木为人世间美好的譬喻，到了北宋时期，随着人文美学的成熟和完善，以及香料贸易繁荣与本草研究的深入，人们对芳香的认识已经脱离自然属性，开始通过人文观念和艺术手法给芳香注入新的内涵，即通过谱写全新的香方，修合独特的香品，来彰显性灵世界。在触觉、视觉、听觉等美学鉴赏之外，嗅觉艺术正式以人文的方式走上历史舞台。

优良传统的发扬离不开传承。传承的或是一门手艺、一派指法、一种理念，而一款香方或一种韵味也有源远流长的根基。

附录

香诗文

附录

香诗文

〔宋〕苏轼《黄州安国寺记》

元丰二年十二月，余自吴兴守得罪，上不忍诛，以为黄州团练副使，使思过而自新焉。其明年二月，至黄。舍馆粗定，衣食稍给，闭门却扫，收召魂魄，退伏思念，求所以自新之方。反观从来举意动作，皆不中道，非独今之所以得罪者也。欲新其一，恐失其二。触类而求之，有不可胜悔者。于是，喟然叹曰："道不足以御气，性不足以胜习。不锄其本，而耘其末，今虽改之，后必复作。盍归诚佛僧，求一洗之？"得城南精舍曰安国寺，有茂林修竹，陂池亭榭。间一二日辄往，焚香默坐，深自省察，则物我相忘，身心皆空，求罪垢所从生而不可得。一念清净，染污自落，表里翛然，无所附丽。私窃乐之。旦往而暮还者，五年于此矣。

寺僧曰继连，为僧首七年，得赐衣。又七年，当赐号，欲谢去，其徒与父老相率留之。连笑曰："知足不辱，知止不殆。"卒谢去。余是以媿其人。七年，余将有临汝之行。连曰"寺未有记。"具石请记之。余不得辞。

寺立于伪唐保大二年，始名护国，嘉祐八年，赐今名。堂宇斋阁，连皆易新之，严丽深稳，悦可人意，至者忘归。岁正月，男女万人会庭中，饮食作乐，且祠瘟神，江淮旧俗也。四月六日，汝州团练副使眉山苏轼记。

（《苏轼文集》卷十二）

〔宋〕苏轼《沉香山子赋（子由生日作）》

古者以芸为香，以兰为芬。以郁鬯为裸，以脂萧为焚。以椒为涂，以蕙为薰。杜衡带屈，菖蒲荐文。麝多忌而本膻，苏合若芗而实荤。嗟吾知之几何，为六入之所分。方根尘之起灭，常颠倒其天君。每求似于仿佛，或鼻劳而妄闻。独沉水为近正，可以配薝葡而并云。矧儋崖之异产，实超然而不群。既金坚而玉润，亦鹤骨而龙筋。惟膏液之内足，故把握而兼斤。顾占城之枯朽，宜爨釜而燎蚊。宛彼小山，巉然可欣。如太华之倚天，象小孤之插云。往寿子之生朝，以写我之老勤。子方面壁以终日，岂亦归田而自耘。幸置此于几席，养幽芳于帨帉。无一往之发烈，有无穷之氤氲。盖非独以饮东坡之寿，亦所以食黎人之芹也。

（《苏轼文集》卷一）

〔宋〕苏轼《子由生日，以檀香观音香及新合印香、银篆盘为寿一首》

旃檀婆律海外芬，西山老脐柏所薰。
香螺脱黡来相群，能结缥缈风中云。
一灯如萤起微焚，何时度尽缪篆纹？
缭绕无穷合复分，绵绵浮空散氤氲。
东坡持是寿卯君，君少与我师皇坟。
旁资老聃释迦文，共厄中年点蝇蚊。
晚遇斯须何足云，君方论道承华勋。
我亦旗鼓严中军，国恩当报敢不勤？

但愿不为世所醺，尔来白发不可耘。

问君何时返乡枌？收拾散亡理放纷。

此心实与香俱熏，闻思大士应已闻。

（《苏轼诗集合注》卷三十七）

〔宋〕黄庭坚《题自书卷后》

崇宁三年十一月，余谪处宜州半岁矣。官司谓余不当居关城中，乃以是月甲戌，抱被入宿于城南予所僦舍喧寂斋。虽上雨傍风，无有盖障，市声喧愦，人以为不堪其忧，余以为家本农耕，使不从进士，则田中庐舍如是，又可不堪其忧耶？既设卧榻，焚香而坐，与西邻屠牛之机相直。为资深书此卷，实用三钱买鸡毛笔书。

（《黄庭坚全集·正集》卷二十五）

〔宋〕黄庭坚《贾天锡惠宝薰乞诗多以兵卫森画戟燕寝凝清香十字作诗报之（元祐元年秘书省作）》

险心游万仞，躁欲生五兵。隐几香一炷，灵台湛空明。

昼食鸟窥台，晏坐日过砌。俗氛无因来，烟霏作舆卫。

石蜜化螺甲，榠楂煮水沉。博山孤烟起，对此作森森。

轮囷香事已，郁郁著书画。谁能入吾室，脱汝世俗械。

贾侯怀六韬，家有十二戟。天资喜文事，如我有香癖。

林花飞片片，香归衔泥燕。闭阁和春风，还寻蔚宗传。

公虚采蘋宫，行乐在小寝。香光当发闻，色败不可稔。

床帐夜气馥，衣桁晚烟凝。瓦沟鸣急雪，睡鸭照华灯。

雉尾映鞭声，金炉拂太清。班近闻香早，归来学得成。

衣篝丽纨绮，有待乃芬芳。当念真富贵，自熏知见香。

（《黄庭坚全集》正集卷八）

〔宋〕秦观《法云寺长老然香会疏文》

窃以香者，妙通法性，冥动闻机。大则香积如来，令天人而入戒律；次则香严童子，得罗汉而证圆通。觉至性之清严，破尘寰之浊秽。肆求善友，同结胜缘。渐沉水之蜜园，斥枣膏之昏钝。规模既远，誓愿尤长。诺秣诺圆，得无碍法；非烟非火，转不退轮。偶就印以成文，常干空而作盖。无前后去来之际，有解脱知见之因。晔乎若光明之云，佳者如郁葱之气。反闻闻性，八百之功德以成；自觉觉他，亿万之河沙斯遍。

（《淮海集笺注》后集卷六）

〔宋〕颜博文《觅香》

上人希深合和新香，烟气清洒，不类寻常，可以为道人开笔端消息。

玉女沉沉影，铜炉袅袅烟。

为思丹凤髓，不爱老龙涎。

皂帽真闲客，黄衣小病仙。

定知云屋下，绣被有人眠。

［《香乘》（无碍庵本）卷二十七］

〔宋〕陈去非《焚香》

明窗延静昼，默坐消诸缘。即将无限意，寓此一炷烟。

当时戒定慧，妙供均人天。我岂不清友，于今心醒然。

炉香袅孤碧，碧云缕数千。悠然凌空去，缥缈随风还。

世事有过现，熏性无变迁。应是水中月，波定还自圆。

［《香乘》（无碍庵本）卷二十七］

〔宋〕陆游《焚香赋》

陆子起玉局，牧新定。至郡弥年，困于簿领。意不自得，又适病眚。厌喧哗，事幽屏。却文移，谢造请。闭阁垂帷，自放于宴寂之境。时则有二趾之几，两耳之鼎。爇明窗之宝炷，消昼漏之方永。其始也，灰厚火深，烟虽未形，而香已发闻矣。其少进也，绵绵如鼻端之息；其上达也，霭霭如山穴之云。新鼻观之异境，散天葩之奇芬。既卷舒而缥缈，复聚散而轮囷。傍琴书而变灭，留巾袂之氤氲。参佛龛之夜供，异朝衣之晨熏。

余方将上疏挂冠，诛茅筑室。从山林之故友，娱耄耋之余日。暴丹荔之衣，庄芳兰之茁。徙秋菊之英，拾古柏之实。纳之玉兔之臼，和以桧华之蜜。掩纸帐而高枕，杜荆扉而简出。方与香而为友，彼世俗其奚恤？洁我壶觞，散我签帙。非独洗京洛之风尘，亦以慰江汉之衰疾也。

（《陆游集·放翁逸稿》卷上）

〔宋〕朱熹《香界》

幽兴年来莫与同，滋兰聊欲泛光风。
真成佛国香云界，不数淮山桂树丛。
花气无边熏欲醉，灵芬一点静还通。
何须楚客纫秋佩，坐卧经行向此中。

[《香乘》(无碍庵本)卷二十七]

〔元明时期〕高启《焚香》

艾蒳山中品，都夷海外芬。龙洲传旧采，燕室试初焚。
莲印灰萦字，炉呈篆镂纹。乍飘尤掩冉，将断更氤氲。
薄散春江树，轻飞晓峡云。销迟凭宿火，度远讬微熏。
着物元无迹，游空忽有纹。天丝垂袅袅，地浪动沄沄。
异馥来千和，祥飞却众荤。岚光风卷碎，花气日浮熏。
灯灺宵同歇，茶烟午共纷。褰帷嫌故早，引匕记添勤。
梧影吟成见，鸠声梦觉闻。方传媚寝法，灵著辟邪勋。
小阁清秋雨，低帘薄晚曛。情渐韩掾染，恩记魏王分。
宴客留鸫侣，招仙降鹤群。曾携朝罢袖，尚浥舞时裙。
囊称缝罗佩，篝宜覆锦薰。画堂空捣桂，素壁漫涂芸。
本欲参童子，何须学令君。忘言深坐处，端此谢尘氛。

[《香乘》(无碍庵本)卷二十七]

〔明〕唐寅《焚香默坐歌》

焚香默坐自省己，口里喃喃想心里。心中有甚陷人谋？口中有甚欺心语？为人能把口应心，孝悌忠信从此始；其余小德或出入，焉能磨涅吾行止？头插花枝手把杯，听罢歌童看舞女。食色性也古人言，今人乃以之为耻。及至心中与口中，多少欺人没天理，阴为不善阳掩之，则何益矣徒劳耳！请坐且听吾语汝："凡人有生必有死，死见先生面不惭，才是堂堂好男子！"

（录自吴湖帆递藏的唐寅作品）

〔明〕文徵明《焚香》

银叶荧荧宿火明，碧烟不动水沉清。
纸屏竹榻澄怀地，细雨清寒燕寝情。
妙境可参先鼻观，俗缘都尽洗心兵。
日长自展南华读，转觉逍遥道味生。

［《香乘》（无碍庵本）卷二十七］

〔明〕徐渭《香烟》七首

谁将金鸭衔侬息，我只磁龟待尔灰。
软度低窗领风影，浓梳高髻绾云堆。
丝游不解黏花落，缕嗅如能惹蝶来。
京贾渐疏包亦尽，空余红印一梢梅。

午坐焚香枉连岁，香烟妙赏始今朝。
龙拿云雾终伤猛，蜃起楼台不暇飘。
直上亭亭才伫立，斜飞冉冉忽逍遥。
细思绝景双难比，除是钱塘八月潮。

霜沉欐竹更无他，底事游魂演百魔。
函谷迎关傀紫气，雪山灌顶散青螺。
孤萤一点停灰冷，古树千藤写影拖。
春梦婆今何处去，凭谁举此似东坡。

薝葡花香形不似，菖蒲花似不如香。
揣摩范晔鼻何暇，应接王郎眼倍忙。
沧海雾蒸神杖暖，峨眉雪挂佛灯凉。
并依三物如堪捉，捉付孙娘刺绣床。

说与焚香知不知，最堪描画是烟时。
阳成罐口飞逃汞，太古坑中刷袅丝。
想见当初劳造化，亦如此物辨恢奇。
道人不解供呼吸，闲看须臾变换嬉。

西窗影歇观虽寂，左柳笼穿息不遮。
懒学吴儿煅银杏，且随道士袖青蛇。
扫空烟火香严鼻，琢尽玲珑海象牙。
莫讶因风忽浓淡，高空刻刻改云霞。（右香筒）

香毬不减橘团圆，橘气毬香总可怜。

虮蝨窠窠逃热瘴，烟云夜夜辊寒毡。

兰消蕙歇东方白，炷插针牢北斗旋。

一粒马牙聊我辈，万金龙脑付婵娟。（右香毬）

（《徐渭集》卷七）

〔明〕屠隆《香》

香之为用，其利最溥。物外高隐，坐语道德，焚之可以清心悦神。四更残月，兴味萧骚，焚之可以畅怀舒啸。晴窗拓帖，挥麈闲吟，篝灯夜读，焚以远辟睡魔，谓古伴月可也。红袖在侧，密语谈私，执手拥炉，焚以熏心热意，谓古助情可也。坐雨闭窗，午睡初足，就案学书，啜茗味淡，一炉初爇，香霭馥馥撩人。更宜醉筵醒客，皓月清宵，冰弦戛指，长啸空楼，苍山极目，未残炉爇，香雾隐隐绕帘，又可祛邪辟秽。随其所适，无施不可。

（《考槃馀事》卷三）

〔清〕王式丹《宣德炉歌为周中行作》

周子一生多古意，磊落闲身蜕世事。

抗怀欲著秦汉间，集古之录成癖嗜。

永昼垂帘萦篆香，宣德古铜发奇秘。

一从搜访市门东，冷眼笑看亨字记。

云是先朝铸四等，神物失却贞元利。

摩挲三日不离手，云霞浮动幽光腻。

譬如畸人久郁沉，一逢知者拔其萃。

眼前蜣螂日转丸，尔虽玩物岂丧志。

春风秋雨媚幽居，砚北窗西高位置。

有时对酒佐清吟，饥可当食倦不睡。

由来此事关性情，翰墨琴书并游戏。

俗人嗤点此何为，周子不言但一喟。

（《楼邨诗集》）

〔清〕吴绮《焚香赋》

花净春棂，月吹秋帐。迟美人兮不来，拥薰笼兮谁望。采艾蒳兮山中，问都夷兮海上。云衣暂擘，石叶双安。鸩鹞卸粉，鹧鸪留斑。近愁烟剧，远讶灰寒。心中字苦，眉下痕悭。白凤翔于晓幕，绿龙焚于夜山。经旬似暖，半笑疑温。长垂髻影，细乱衣魂。腻衾花而入绣，透衫缬而栖痕。见鄂君兮何夕，坐贾午兮黄昏。悬青绡兮不寐，结翠绶兮谁分。乱曰：辟寒宝障流苏长，火山十里金凤皇。期君待君君不至，直须还我绣香囊。

（《林蕙堂全集》卷一）

〔清〕郭麐《如此江山·香篆》

何人斜掩屏山六，帘衣又深深下。小炷微红，轻丝渐袅，静看萦窗寻罅。尖风易惹。恨刚结心同，又吹烟灺。一缕柔肠，分明宛转为伊画。

湔裙水上犹记，博山炉俱过，前约都谢。罗带轻分，银槃愁寄，难剪梦云盈把。熏笼倚罢。对灯影离离，悄无言者。手拨余灰，隔窗梅雨洒。

（《忏馀绮语》卷二）

后　记

Infinity Blue

《无限蓝》(*Infinity Blue*)，是一个后现代雕塑艺术品。这个位于英国的作品由 Swine 工作室完成。主创人为夫妇，是来自英国的设计师 Alexander Groves 和来自日本的建筑师 Azusa Murakami。

无限蓝的作品是由陶瓷构筑而成的异形体，高达9米，装置的周身布置着32个孔洞，用以散发雾状芳香气体。内部机器运作后，每个孔洞喷射出环状烟圈，弥漫的是寓意史前的气息。身处其中，无论是视觉、嗅觉、听觉还是触觉，各感官的感知体验都非常曼妙，芳香烟气所营造的氛围让人印象深刻。

Swine 工作室对烟气的使用非常成熟。该工作室曾经在米兰设计周中推出 New Spring 主题空间，空间内，树形装置的众多枝头，不断吐出包裹着一团烟雾的气泡，当接触到人的手部皮肤时，气泡就会破裂，升起一团带有清香的白色烟雾。New Spring 一经推出即以其全新的综合感知体验广受欢迎，随后在美国迈阿密和中国上海等地展出。

烟气应用在欧洲当代艺术家的创作中有一定的地位，比如美国当代艺术家 Pae

White就有专门的烟雾主题作品，其中《柏林B》就是这个系列的代表作。画作中轻柔曼舞的飞烟与厚重的挂毯相结合，向观者展现无常和想望的迷人意象。由于Pae White所展示的烟雾仅仅限于视觉的体验，与Swine工作室的那种高沉浸感、多维体验不同，在跨界突破上略逊一筹。

Swine工作室系列芳香飞烟作品的成功，说明欧洲香水文化和东方香熏文化在前卫艺术领域的潜力。特别是东方两千余年成熟的香熏传统，其有形烟气和无形香芬的完美统一，一直深受各个艺术领域的关注，比如书画、曲艺、雕塑等。

熟悉的陌生人

用香之事古人称之为焚香、烧香、炷香等，将香料、香器、香方、香史等用香事项编撰而成香谱。传世香谱以两宋时期的数量为最，以明末周嘉胄编撰的《香乘》为集大成者。由于用香涉猎广泛，香学博大精深，今人对于中国用香事项没有统一的称呼，或香道，或香文化，或香事，皆不能明确其概念。本书的重点是关注文士用香的传统，涉及香器鉴赏、香席陈设、香方修合、香韵品评等方面，同时又与诗词、书画、曲艺、园林、烹茶、莳花等雅艺息息相关，可谓一门严谨的学问，我们称之为香学。

如果将香学的具体内容做出概括，则主要包括制香工艺和香席规范。那当下的我们还需要像宋明古人一般，将香学作为人生的修为功课吗？现在线香等香品的制作工艺如此先进，生活应用甚是方便，值得我们花时间和精力去研究传统香品吗？总而言之，我们有没有必要传承古代传统的用香生活方式？

依据《香乘》所录，各类香主要是为不同的生活场景应用服务的，比如"印香方"是为了印篆香法所使用，"熏佩之香"为香身、香衣的方子，"法和众妙香"则多制成香丸、香饼，衬以隔砂，用来芳香空间、呈现意境等。诸多香方对于现代生活除了传承的意义，更具有实际的功用在，比如印篆香。

印篆香是依托篆模将香粉规范成各种人文图案，然后将其点燃的燃香方法。完整的印篆香主要有理灰、平灰、置模、填粉、提模、引燃等步骤，熟练地完成这些步骤，不仅需要专业手法训练，同时每一次作印少不得习静的功夫，否则很难合规地完成所有步骤。我们正是通过印篆香的步骤体验，很好地转移注意力，集中于当下香法之中，达到宁神静气的效果，这是一种行之有效的精神放松和情绪舒缓的好方法。无论是上班族还是在校生，这都是难得的解压方式，不需要你投入太多的精力即可达到调整作息节奏的效果。印篆香所使用的香粉是由多种香料合和而成，不同香方的印篆香粉燃烧时所散发的香气有别，可以营造多样的嗅觉空间体验。点燃香粉后那袅袅青烟的多变姿态，又有许多畅想乐趣蕴含其中，从古至今众多艺术家就是从这云烟的变幻中得来艺术灵感，所谓“清芬醒耳目，余气入文章”，正是此中意，这种东方人特有的妙趣可以从印篆香法中得到体会。

传统香品形态有线香、香丸、香件、篆香粉、香囊、香膏、头油等，无论哪种形态的香品，都必须依据具体的香方才能制作和传承。每一款香品都是由多种香料修合而成，具体的香料成分、比重、修制、成形等都需要香方来规范。《香乘》所收录的数百款香方，基本都是和香方。和香不同于现在大家常见的只含有一种香料的单方香、单味香，和香是一次创作，特别是宋明时期文士和香，都是根据自己的喜好依法度谱写出具体的香方来，落实香方后再依香方制作香品，故而香品焚燃所散发的香韵彰显的是谱写者的品位和学识，是一次独立的艺术创作。对于当下的我们来说，恢复和品鉴古人流传下来的香方、香品，本身就是一个文化传承和嗅觉审美的过程，在此基础上独立谱写香方、制作香品，则是大家认识自然、体验人文、美化生活的好路径。

所以无论从基础的香法还是从制香工艺的层面来说，我们都可以走进中国传统的香学世界，并且已经在这一方面已经有了不错的探索，比如有些小学的美术课程已经将清末丁月湖印香炉的设计元素应用到小学美学教育中。如果再述及香与书画、香与诗词、香与古琴、香与园林等的密切关联，则香学是当下美育的重要一项。

嗅觉维度

人对外界的主要感知有视觉、听觉、味觉、触觉和嗅觉，由前四种感知衍生出的艺术主要为书画、音乐、美食、雕塑等，而嗅觉所感知的媒介是不可触摸的，香品又不易保存，只有香炉器得以艰难传世。现实中香炉器与宗教、民俗等有着千丝万缕的联系，人们有着敬而远之的心理。

然而人之爱香，如草木之向阳，人们对于嗅觉美好的追求和探索，总是千方百计的。每每阳春三月，百花争艳，草木葳蕤，经过冬季的我们，不论男女老幼，都要想方设法做一件事：踏青。踏青对于我们来说更多的是寻找一种美好的气息，那就是来自大地苏醒的芬芳，哪怕是马兰头的叶片，都是令人陶醉的。这个时期的清明节对于大多数人来说是个愉快的日子，我们需要返乡，需要回归故里，所不同的是，孩子们在记忆美好，大人们在回忆美好，而这美好，一定有来自大地的某种幸福味道。

对于生活在城市里的人们来说，嗅觉记忆已经变成了“乡愁”，而这“乡愁”更多的是“香愁”。照片里斑驳的场景，是过去，怎么也回不去，而一块来自家乡的点卤豆腐，可以让整个楼道都香气四溢，这时候能清晰地感受到自己元气满满，明白自己来自哪里，身在哪里。这种美好的嗅觉记忆，是根深蒂固的，无论你年岁几何，无论你他乡万里，都能够以最轻的弦拨动你灿烂的心。

所以我们会想方设法地留下这些美好的芳香。然而很多能够散发香气的植物总是很调皮，它们在生长、在开花的时候，你俯下身去，闭目深呼吸，是那么令人神清气爽，可是等你把这些花朵采摘晾干，芳香气息会散失殆尽，焚烧时所升腾的烟气亦不能带来期待中的愉悦，看来植物散发香气似乎不是为了我们人类。

但是古人不气馁，发现有意外：香茅、杜衡、佩兰、高良薑、辛夷、藁本等植物，干燥后依然有迷人的香气，所以将其做成香囊佩戴，放进枕头美梦，撒入汤水沐浴，更多的还是投入炉中香熏。随着地理空间的开拓和交通的便捷，沉香、檀香、龙脑、安息、乳香、没药等树脂类香料又进入人们的视野，一种全新的精致工艺——合香，开始成熟并引领风尚。

合香工艺首先是模拟自然界中的美好气息，文士的香方则是创造性地营造全新的嗅觉空间。无论是为何种目的香品，总有一份气韵让你与美好相连，这份美好可能是从前的记忆，可能是温暖的联想，也可能只是当下的愉悦。所以对于文士来说，他们谱写的每一个香方，要表达一个神情，呈现一场意境，不是自我孤赏，而是学养的交流，是以香芬寻找知音。

至此，人们把嗅觉的分享推向千姿百态。这是来自东方的审美体验，是天然原料形态下的芳香，有别于西方的精油与香水，是舒缓的、绵长的、润物细无声的。

重走自然

自从1868年人工合成了香豆素，化工香精香料开始深刻影响人们的生活。时至今日，无论是洗漱、饮食、居住、商业还是办公等，化工香精香料制品无处不在，以致很多人对天然香料已经非常陌生。

传统东方香的原料均来自大自然，无论是佩戴、涂抹还是爇烧、熏燃的香品，都有具体的香方作为依据，香方中所包含的各种香料来自平原、丘陵、山谷、沼泽地、雨林、海洋等世界各种地理环境。在人类的交通和商业大环境中，各大文明相互碰撞、交流，其中香习俗、制香技艺、香料在其中是重要内容，自汉代以来中国香文化就具有海纳百川的性格。

同时中国香文化的发展又与民俗、宗教、中医药的发展息息相关，从而丰富了人们的用香生活方式。但在很长一段时间内，大家对香的认识只限于寺庙烧香和传统节日敬香，是因为日常焚香作为一种生活方式没落甚至断层了。去照搬传统的用香生活是不可能的，也没有必要，时代在发展，生活方式也在改变。今天我们以人文的角度再次关注香学，特别是文士谱写香方，参与制香，甚至以“香癖”为尚，当下的我们觉得新颖而不可思议，其实只是我们离天然香的生活方式太远。

之所以要从人文的角度去发现传统香之美，是因为很大一部分的香方是由文士所谱写，带有每位创作者的性格烙印，香如其人，每一款香都是一次创作，又不同于大自然中已经存在的芳香气息。而每一款香方的组成，皆来自天然的香料，不同的香料有道地产区，制香人通过甄选、修制，再依据香方来修合成全新的香品。这里不同香料的作用虽然有区别，但缺一不可，相辅相成，我们要做的，是拣选道地产区的香料来使用。即使是大家随处可见的桂花，可以说全国各地中秋前后都可以采摘，但可用来制作香品的桂花，清代的香坊一般会选择太湖边的光福作为采摘地，因为只有这里的桂花精油含量高，做出的香品才会有最好的品质。

在甄选香料的基础上，才会有香方的落实，才能将不同的香料进行配伍组合。这里的香方往往是文士在前人香方的基础上做出加减，如果我们对照排列《香乘》中所录香方，可以发现这样的现象很普遍，这就内含了制香人的喜好在里面，反映了他对某种芳香气息的找寻，具有了人文特质。正是因为有着这样的创作过程，所以文士们以自制香品来作为交游往来，就不足为奇了，此时“亲私”的香品如同他们的诗词作品一样。

我们以人文视角来认识香品，其实就是走进自然、认识自我的过程。再次走进自然，不是走马观花，而是一种认知的回归：植物香料是自然界中最美好的存在，每一种香料都有它存在的理由，或吸引蜂蝶传授花粉，或驱赶天敌，或是自我修复疗伤，总之与我们人类的关联不大。而将多种香料组合，甚至通过香方来修制出全新的香品，或是突出某种功效，比如香囊用来驱蚊虫，书香用来防霉防蛀，衣香最直接，就是悦己悦人；或是营造某种空间氛围，比如春来百花丛中，荷塘雨后初晴，雪后梅林等；或是表达一种精神，比如“有一种潇洒风度”“恬澹寂寞”等。来自天然的香料，经过人们的努力，变成了更符合日常生活的全新香品，又被称为“第二自然”，其中有健康的祈愿、有情感的流露、有性情的宣示。

香的距离

“香道”一词，很多研究者论证过其是否为中国原生词，不管怎样，有一点可以肯定，香道是日本当下具有本民族印记的国粹。香道与中国传统的香文化有千丝万缕的联系，但存在着本质的区别。

其中重要的一点就是品香方式的不同。香道要求就鼻品闻，即以手持炉靠近鼻部，近距离品评香品，香品往往多用沉香、奇楠原材。日本江户时期的画家喜多川式麿的浮世绘中就有写实，其中有一幅以品香为主的仕女图，图中仕女左手持三足筒式炉，炉中以隔片衬香，仕女正就鼻品闻，身边有四方香箸筒，有羽扫、灰压、香箸等出香工具。喜多川式麿所处的时代大约在中国清朝嘉庆、道光时期。日本香道采用就鼻品闻的方式主要与所用香品有关，而中国传统香生活所用的香品多为和香，是多种香料的组合，香品形态有香粉、香饼、香丸、香条等多种，随之而来用香方式也有印篆香、佩香、隔火熏香等多种。再结合中国自宋以来的文人画作，其中只要涉及用香的，香具皆有固定的陈设，其中文士肖像画作一般都有香炉器元素，这里的用香元素是一种符号，彰显的是风雅清致。而雅集题材画作或燕居题材画作，其中对用香的处理就非常具有研究意义了，这时对用香场景的处理有两大类，一是炷香，即以手拈香上炉焚爇，这是交代香事的关键步骤，香炉在香几、香案上，或由书童以托盘承接；另外一种为最大宗，即炉中烟气袅袅，炉旁香具环伺，或以瓶花相衬。

我们会发现，在中国传统的用香绘画题材中，香炉陈设有一定的空间要求，绝不会将香炉以手持然后就鼻品闻。这与中国传统的香器特点有关，在用香精细化的宋朝，香炉器多为瓷质，但适合手持品闻的炉式很少见，明初开始，则是宣德铜炉的风尚，宣炉讲究“压手”，不适合手持，尽管有一类玄炉为筒式，亦非就鼻品闻使用。即使是在流行品闻沉香的明末，用香一定是远闻，所谓“香宜远焚，茶宜旋煮，山宜秋登”。

日本香道自正式创立始，以“六国五味”为品鉴标准，即注重对不同产地沉香或奇楠原材的辨别。中国士人谱写香方，注重人文考量，追求空间意境，是个人审美的要求，不同的香所营造的空间体验是有区别的。中国香文化正是有这样的内涵在，所以焚香时需要专门的香几，甚至要为香构建静室斋房。日本香道通过严格的仪轨来修炼心智，眼中处处有香器。中国香文化注重嗅觉审美的体验，香器是陈设的一部分，当开始出香的那刻起，已经没有香器的存在，在身体舒泰之中，让心思如脱缰之马，神游天机去也。

几案焚香所包含的香炉鉴赏、香品和合、出香诸法、香几陈设、雅集布置等内容，是一门涉及植物学、药物学、生活美学、古典文学、传统艺术的香学文化，对提高生活品质、获得幸福美感、完善品性修养都具有重要意义，也是在国际大环境中与欧洲香水文化、阿拉伯熏香文化、日本香道文化进行交流、互鉴不可或缺的内容。

中国传统的几案焚香的方式，有很长时间的沉寂，尽管近代也有齐白石、闻一多、盖叫天等文坛、艺坛大家在传承，但香学作为中华学问之一多存于故纸堆中。对香学进行重新整理、研究和出新，是中国传统文化复兴的重要课题。

现代静室

王维的辋川别业是人文空间的滥觞，在这样的环境中，园主人才能卸下重重铠甲，做回本真的自己。后世读书人只要有可能，必然构造类似别业的所在，特别是江南一带，以苏州、扬州为盛。清中期的郑燮晚年以卖画为生计，在其题画中有：

> 十笏茅斋，一方天井，修竹数竿，石笋数尺，其地无多，其费亦无多也。而风中雨中有声，日中月中有影，诗中酒中有情，闲中闷中有伴，非唯我爱竹石，即竹石亦爱我也。

此空间虽然不是高门大屋，却有情有味，并能历久弥新。这就是郑板桥书画中的空间美学，竹数竿，兰一丛，石一块而已。

现在的居住环境又有极大改变，在几室几厅的权衡中，一般都会给自己争取一个“静”的房间或角落，因为人人心中都住着一位士大夫。“动”的一面可以有社区的配套，比较容易满足，但“静”往往是私密的，只能在自己的领地中，这个领地或者是书房，或者是露台，甚至是一张别致的几案。

现代人生活节奏快，没有“斋房”“静室”可以独处，但可以拥有明净的角落，可以是具体的空间陈设，也可以是一炷香所营造的心情。只要这支香是由天然香料所制，焚烧时能带来别样的趣味，就已经有了闲情。如果这支香有特定的香方背景，各种香料又有个人赋予的灵感在里面，那么这已经是在美化生活了，幸福感不就是这些用心的细节吗？

就香文化的发展历史来说，生活用香是精致文化的一部分。生活用香主要是嗅觉对环境的感知要求，如果某个时期香文化非常流行，那么这个时期的社会发展基本是开放的、进取的、圆融的。个人的成长，如同一国之发展，当走过而立、不惑之年，心境基本成熟，家庭、事业也趋向稳健，在视觉的书画艺术、听觉的音乐艺术等感知之外，会寻求更深层次的嗅觉艺术。因为每一个人都有美好的嗅觉记忆，我们的嗅觉感知有各自的提升空间。当然，化学的香品提供不了这样的体验，这是我们的文化基因所决定的。

参考文献

古代文献

（先秦至汉）《黄帝内经》，中华书局，2010年版。

（晋）葛洪辑抄《西京杂记校注》，中华书局，2020年版。

（晋）葛洪《肘后备急方》，人民卫生出版社，1982年版。

（唐）孙思邈《备急千金要方校释》，人民卫生出版社，2014年版。

（日）真人元开《唐大和上东征传校注》，广陵书社，2010年版。

（宋）徐铉《稽神录》，上海古籍出版社，2012年版。

（宋）周去非《岭外代答校注》，中华书局，1999年版。

（宋）吕大临《考古图》，中华书局，1987年版。

（宋）苏轼《苏轼文集》，中华书局，1986年版。

（宋）苏轼《苏轼诗集合注》，上海古籍出版社，2001年版。

（宋）秦观《淮海集笺注》，上海古籍出版社，2000年版。

（宋）张邦基《墨庄漫录》，中华书局，2002年版。

（宋）陆游《陆游集》，中华书局，1977年版。

（宋）黄庭坚《山谷诗集注》，上海古籍出版社，2003年版。

（宋）黄庭坚《黄庭坚全集》，中华书局，2021年版。

（宋）陈振孙《直斋书录解题》，上海古籍出版社，2015年版。

（宋）赵希鹄《洞天清录》，浙江人民美术出版社，2016年版。

（元）倪瓒《清閟阁集》，西泠印社出版社，2010年版。

（元）倪瓒《倪瓒集》，浙江人民美术出版社，2016年版。

（元）顾瑛《玉山名胜集》，中华书局，2008年版。

（明）费信《星槎胜览》，中华书局，1954年版。

（明）叶梦珠《阅世编》，上海古籍出版社，1981年版。

（明）胡正言《十竹斋书画谱》，上海书画出版社，2014年版。

（明）计成《园冶注释》，中国建筑工业出版社，2015年版。

（明）徐渭《徐渭集》，中华书局，1983年版。

（明）屠隆《考槃馀事》，凤凰出版社，2017年版。

（明）李时珍《本草纲目》，人民卫生出版社，1982年版。

（明）周嘉胄《香乘》，广陵书社，2013年版。

（明）周嘉胄《香乘》，无碍庵藏抄本。

（明）高濂《遵生八笺》，浙江古籍出版社，2019年版。

（清）钱谦益《牧斋有学集》，上海古籍出版社，2009年版。

（清）冒襄《冒辟疆全集》，凤凰出版社，2014年版。

（清）王士祯《渔洋精华录集注》，齐鲁书社，2009年版。

（清）王讷《青烟录》，崇文书局，嘉庆十年刻本。

（清）厉鹗《宋诗纪事》，上海古籍出版社，2013年版。

（清）李斗等《扬州画舫录》，广陵书社，2010年版。

（清）许迎年等《江都许氏家集》，国家图书馆出版社，2015年版。

（清）吴其濬《植物名实图考》，中华书局，2018年版。

（清）张謇《张謇诗集》，上海古籍出版社，2014年版。

（清）丁月湖《印香图谱》，中国书店，2019年版。

近现代文献

江苏省商业厅等《江苏野生植物志》，江苏人民出版社，1959年版。

《进口药材质量分析研究》，中国药品生物制品检定所，1988年版。

祖保泉《司空图诗文研究》，安徽教育出版社，1998年版。

陕西省考古研究所等《法门寺考古发掘报告》，文物出版社，2007年版。

刘静敏《宋代〈香谱〉之研究》，文史哲出版社，2007年版。

孙机《汉代物质文化资料图说》，上海古籍出版社，2011年版。

刘鹿鸣译注《楞严经》，中华书局，2012年版。

王世襄《锦灰堆》，生活·读书·新知三联书店，2013年版。

刘良佑《香学会典》，中华东方香学研究会，2013年版。

刘良佑《优雅陶瓷之路》，中信出版社，2016年版。

秦绿枝《采访盖叫天》，上海人民出版社，2017年版。

期刊

扬州博物馆《江苏邗江姚庄101号西汉墓》，《文物》，1988年第2期。

秦蓁《周江左事辑》，《史林》，2012年第5期。